逢考必过

世界记忆冠军的终极记忆法

[英] 多米尼克·奥布赖恩 著
Dominic O'Brien
陆桦 译

HOW TO PASS EXAMS

中国友谊出版公司

目录

序　言　　　　　　　　　　　　　　　　001

第1章　可以培养的记忆力　　　　　　　001
第2章　速　读　　　　　　　　　　　　005
第3章　笔记和思维导图　　　　　　　　015
第4章　记　忆　　　　　　　　　　　　033
第5章　想象和联想　　　　　　　　　　041
第6章　关联法　　　　　　　　　　　　048
第7章　可视化　　　　　　　　　　　　055
第8章　旅程记忆法　　　　　　　　　　061
第9章　数字的语言　　　　　　　　　　072
第10章　永远别忘记引用　　　　　　　　098
第11章　学习语言的捷径　　　　　　　　116
第12章　数学捷径　　　　　　　　　　　134
第13章　科学的抽象世界　　　　　　　　143

第 14 章	如何记忆历史日期	163
第 15 章	关于地理的技巧	175
第 16 章	商业头脑	183
第 17 章	用心灵驾驭媒体	189
第 18 章	用想象力解读信息通信技术	195
第 19 章	做演讲	201
第 20 章	制订复习计划	215

| 最后的话 | 223 |
| 参考文献 | 224 |

序 言

多米尼克·奥布赖恩现在以他的非凡脑力闻名于世。我有幸在20世纪80年代末初识多米尼克，当时我正在组织首届世界脑力锦标赛。他告诉我，就像很多学生一样，他在学校里一直饱受批评。因为他漫不经心，喜欢做白日梦，没有对传统学科产生应有的兴趣，而是更偏向想象力和音乐的世界以及开发自己的脑力潜能。因此，他离开学校，开始研究记忆的艺术。

短短5年间，多米尼克已经开发出无比强大的"记忆肌肉"，准备好在1991年的首届世界脑力锦标赛上大战群雄。他击败了曾以记忆圆周率小数点后20,013位创下世界纪录的克赖顿·卡维洛等传奇人物，一路过关斩将，轻松获胜，拿下这项赛事的首个冠军，同时打破并创造了多项脑力世界纪录。

此后，他多次卫冕成功，创造的脑力世界纪录的数量也持续增加，例如在45秒之内记住一副纸牌的顺序。他在1994年出版的《布赞的天才之书》[①]中排名首位，被公认为全球最伟大的脑力运动员之一。在见识了多米尼克于1993年和1994年轻松打破世界纪录的壮举之后，脑力运动和国际象棋领域的权威，国际象棋特级大师、大英帝国勋章获得者，同时也担任《时代》和《旁观者》杂志国际象棋记者的雷蒙德·基恩表示，他在脑力运动领域

[①] *Buzan's Book of Genius*，托尼·布赞与雷蒙德·基恩合著。——译者注（若无特殊说明，本书脚注均为译者注）

从未见过如此出类拔萃之人。

对于所有学生而言，更重要的是要认识到，多米尼克之所以能取得如此惊人的成就，是因为他认真研究了这一领域，专心致志地完成了为自己设定的任务，深度发掘了我们所有人与生俱来的才能。

在大家即将读到的这本关于如何通过考试的杰作中，多米尼克披露了让他取得傲人成就的方法和秘诀。我很乐意向大家推荐这本书，相信所有学生都将受益于书中清晰明确的建议，我也期待能看到大家在下一届世界脑力锦标赛上挑战多米尼克！

托尼·布赞

第 1 章

可以培养的记忆力

学会如何学习

多年之前，我观看了一场将会改变我的一生的比赛。来自英格兰东北部城市米德尔斯伯勒的精神科护士克赖顿·卡维洛不出3分钟便记住了一副纸牌的顺序，创下新的世界记忆纪录。这种惊人的脑力让我倍感震惊，也深感困惑，于是我开始研究自己的记忆力。

在我看来，亟待探究的问题是，到底是克赖顿具备超强的回忆能力，还是他了解不为人知的特殊技巧，而这种技巧或许能被其他人用于训练脑力，以取得同样惊人的结果。

深入研究记忆训练多年之后，我完全相信我们大部分人的脑力不仅能够记忆52张纸牌的顺序，还能记忆百科全书式的海量信息。阻碍我们实现这一点的唯一因素，是我们对发挥这个能力所需的非凡资源——大脑——全部潜能的技巧和体系一无所知，它大部分时间都在我们的头颅中无所事事。

开发记忆力、加快学习速度和最终通过考试的关键，在于我们的想象力。本书将向你介绍释放想象力的方法，你要将想象力视作肌肉，定期锻炼，踏上穿过熟悉地点的冒险旅程。通过学习色彩丰富的数字语言，你会找到方法，将枯燥难懂的数据转化成意义深刻且难以忘记的图像。我将讲解如何运用三维心理档案系统记忆历史时刻、化学符号、外语单词以及文学作品中的词句。我也将介绍如何通过充分发挥先天的记忆力潜能，在数学、媒体研究等多个学科领域取得成功。本书将向你介绍充分发挥记忆力的技巧和最有效的阅读及复习技巧，将这些技巧结合起来，你便能以优异成绩通过考试。无论你处在哪个学习阶段——中考、高考、本科考试、完成商业与技术教育委员会课程或获得学位——只要你的课程包含考试，那么你的成功就始于本书。

可惜的是，我在学校里苦苦挣扎的时候，没有人向我展示这些方法。

信念和信心

我在学校里遇到的问题，根源在于一种被误导的共同信念，即所有人都能被划分成两个阵营：是否有学习天赋，是否生来就具备学者之气。或者简而言之，聪明孩子和笨孩子。

根据这种信念，假如你不幸落入后者之列，那就注定要苦苦挣扎并且最终失败。我上学时明白我的位置，接受了为我划分的阵营，想想看，这会对我的信心产生何种影响！

我在课堂上看似缺乏专注，实际上是在做白日梦——异常活跃的想象力确实是我的一项才能。可惜的是，这种天赋并没有从小得到培养。你稍后就将发现，想象力是培养完美记忆力的关键。

学会如何学习

我希望你的教育经历不像我的那么糟——我讨厌学校。虽然我勉强承认应该接受教育，但我无法理解为何要被限制在一个阴郁且过于复杂的课堂宇宙中，而在这个宇宙之外，我可以看到散发出立体光芒的生命本身正在向我招手。

"奥布赖恩！你为什么盯着窗外看？别做白日梦了，集中注意力！"所以，我的诀窍是一边盯着老师一边做白日梦。

"奥布赖恩，我刚才说什么来着？……你什么都记不住吗？……你脑子里什么都装不进去吗？"

在那些日子里，我只能记住极少的信息，因为没有人向我解释记忆的吸收过程。买洗衣机会附有说明书，买电脑会获得包含海量信息的用户指南，而人类的大脑优于任何电脑且极其复杂，那么在我们出生时，大脑的说明书在哪儿？就像使用电脑一样，如果我一开始根本不知道如何输入信息，又怎么能指望我输出信息？

现在，我坚信每位学生在攻读任何学科之前，真正需要知道的是学会如何学习。本书旨在揭示这个过程，你可将它看作大脑的用户指南。

第 2 章

速　读

> 阅读的艺术在于明智地跳过。
>
> ——P. G. 哈默顿[①]

是什么拖累了我们的阅读速度

我们知道，人眼可在 0.002 秒之内转换焦点，在大约 45 厘米的正常阅读距离之下，眼睛可以聚焦的文本宽度约为采用一般字体的 18 个英语字母，比如本书所用字体[②]，平均算下来约为 3 个英语单词。因此，理论上，人眼应当每秒阅读 1,500 个英语单词，即每分钟阅读 90,000 个单词。而实际上，人类的平均阅读速度约为每分钟 200 个单词。

那么，每分钟另外的 89,800 个单词呢？

也许是因为我们被教导要用嘴巴大声朗读，而不是用眼睛和大脑来阅读，才让这些单词消失不见了吧。

[①] P. G. 哈默顿（P. G. Hamerton，1834—1894），英国艺术家、艺术评论家和作家。
[②] 这里指的是本书的英语原版采用的字体，本章有关阅读速度的讲解和示例均以英语单词来计算。

我刚才提到，人类的平均阅读速度约为每分钟 200 至 250 个英语单词，随之产生的理解率（对文本的理解程度）介于 50%~70%。在研究如何大幅提高阅读速度之前，我们先做个测试，估算一下你的阅读速度。

接下来这个小节——"眼见为实"，原文包含 500 个英语单词。在阅读时，请仔细记录你具体用了多少秒，然后把这一小节的单词数除以秒数，再乘以 60，即：500÷秒数×60＝每分钟阅读单词数。

举例来说，如果你阅读这一小节花了 136 秒，那么你的阅读速度就是每分钟 220 个单词。请不要尝试快速浏览文本，因为我在文末列出了一些问题测试你的理解情况。

眼见为实

正如我们所见，至少从理论上来说，人眼可能达到的阅读速度为每分钟 90,000 个英语单词。你是不是备感震惊，觉得不可思议，难以置信？但对于俄罗斯神童尤金妮亚·阿列克申科而言，这显然不足为奇。

如果以下叙述属实，我在世界脑力锦标赛上恐怕就要遭遇劲敌了！据报道，18 岁的尤金妮亚具备令人叹为观止的阅读速度，只需大约 10 分钟，她就能轻松读完托尔斯泰 1,200 页的《战争与和平》，或是维克拉姆·赛特[①]的《如意郎君》这种鸿篇巨制。

俄罗斯科学院的一位高级研究员表示："这位神奇女孩的阅读速度比她用手指翻页的速度快无数倍。如果不是必须为翻页放慢

---

① 维克拉姆·赛特，印度作家，《如意郎君》(A Suitable Boy) 是他的长篇小说代表作，约 1,400 页。

速度，她的阅读速度可达每分钟 416,250 个单词。"

基辅大脑开发中心为这位神童安排了一场特殊测试。测试在一个科学家小组面前进行，他们确信尤金妮亚在测试前从未读过测试材料，因为他们在将尤金妮亚隔离在测试中心之后，才获取了当天出现在报摊上的政治和文学杂志。研究人员还从德国引进了一些鲜为人知的古籍和新近出版的书籍，这些材料都被翻译为俄语，因为尤金妮亚只能看懂俄语。

在尤金妮亚被隔离的同时，测试员数次阅读测试材料，并对内容做了一些记录。然后，他们将两页材料放在尤金妮亚面前，计算她的阅读速度。

测试结果令人震惊。显然，她仅用 0.2 秒就读完了 1,390 个单词，这只是眨一下眼的工夫。她也毫不费力地读完了给她的一些杂志、小说和评论。

令我难以置信的是，她明显读懂了材料内容。一位测试员说："我们对她做了详细测试。这些材料大多是技术性很强的信息，大部分青少年绝对无法理解，然而她的回答表明，她完全理解这些内容。"

出人意料的是，直到 15 岁时，尤金妮亚的这种特殊能力才被人察觉。当时，她的父亲尼古拉·阿列克申科给了她一篇刊登在报纸上的长文，两秒之后，她在将文章还给父亲时说内容很有趣。尼古拉以为她在开玩笑，但在询问她时，她的回答全是正确的。

如果此话属实，这是否意味着尤金妮亚具备非凡的感知能力或过目不忘的能力呢？从她对自己这种超能力的描述来看，恐怕未必："我不知道我的秘诀是什么。书页进入我的脑海，我回忆的是感觉而不是具体内容。我的大脑会进行某种我无法解释的分析，但我觉得脑子里好像有一整个图书馆！"

你怎么看？你相信尤金妮亚拥有无法解释的能力，还是认为这只是虚构？

请你记录读完这篇故事的时间，然后勾选下列问题的答案：
1. 尤金妮亚姓什么？
   □ 兹韦列夫斯基　　　　□ 阿列克申科
2. 她多大年纪？
   □ 16 岁　　　　　　　□ 18 岁
3. 根据高级研究员的说法，她每分钟能读多少个单词？
   □ 41,625 个　　　　　□ 416,250 个
4. 她在哪接受的测试？
   □ 莫斯科　　　　　　□ 基辅
5. 部分测试材料被从哪种语言翻译成了俄语？
   □ 德语　　　　　　　□ 荷兰语
6. 除了俄语，尤金妮亚还能说几种语言？
   □ 无　　　　　　　　□ 九种
7. 她父亲的名字是？
   □ 米坎诺夫　　　　　□ 尼古拉
8. 她的能力在几岁时被发现？
   □ 15 岁　　　　　　　□ 11 岁
9. 她父亲交给她的文章出自哪里？
   □ 杂志　　　　　　　□ 报纸
10. 她说所有书页进入她的脑海之后，她能回忆起的是什么？
    □ 感觉　　　　　　　□ 具体内容

现在，请计算出你的阅读速度，并对照内容检查你勾选的答案，得出你的理解率。

阅读速度（单词数/分钟）	正确答案	等级
0~150	1~4	较差
150~250	5~7	平均水平
250~400	6~8	高于平均水平
400~750	7~10	良好
750~1,000	8~10	优秀
1,000及以上	8~10	天才

耳边响起的悄悄话

现在看来，一些更为传统的教学方法，恐怕会阻碍刚开始学习如何阅读的小学生，而不是帮助他们。

阻碍我们提升阅读速度的因素之一，是我们从一开始就养成了把看到的每个词都说出来的习惯。在我们刚开始学习时，语音和"边看边说"的方法会起到帮助作用，因为我们在同时学习说和读两种技能。但是，既然我们已经完全能够大声说出"电视"这个词，为什么还认为必须在每次看到它时就默念一遍呢？

现在，试着读一句话，但不要对自己说出这句话中的词，也不要听到内心发出的任何声音。乍一看，这似乎是个不可能完成的任务，因为这两项活动在我们很小的时候就变得密不可分，但稍加努力，至少有可能把"音量"调低。不要因为被内心的声音控制而将阅读速度保持在有限的水平上，因为你的阅读速度应当比实际语速更快。美国第35任总统肯尼迪去世后，仍保持着公众人物的语速纪录,但即便是他,语速也只能达到每分钟 300 个英语单词。通过学习技巧并实践,有望将这种阅读速度提高一倍以上。

我只说一次

我在做关于记忆方法的演讲时,会在演示时请观众随机报出一个个单词,一位志愿者会在我记忆这些单词的同时记下它们的顺序,直到数量达到 100 个。如果一切顺利,接下来我将精确地以正序或是倒序背出这些单词。但在这种情况下,我需要用非常均衡的方法来记忆。因为每个单词只会听到一次,所以我必须确保用来辅助记忆的图像足以让我稍后回忆起它,而这么做需要花时间。理论上,我花的时间越长,辅助记忆的图像就越清晰。但我注意到,如果单词之间的停顿过长,会让我无法集中注意力。因此,若是加快速度,形成稳定韵律或是流动感,会更便于记忆。另外,事先知道只能听一遍,也会迫使我集中精力。

同样的方法也适用于阅读。首先,并不是领悟每个单词所花的时间越长,就越能理解文章的整体含义。加快阅读速度其实能够形成一种韵律,有助于集中注意力,同时也能增进理解。其次,要想理解句子内容,需要先告诫自己"这句话只会读一次",从而避免出现记忆回溯。怀着"可能还会再读一遍"的态度去阅读,如同在告诉大脑"第一次不必过于专注",因为总会有第二次或是第三次机会。如果阅读时偶尔漏掉一个短语或是一句话的意思,请不要停下,不值得为了某个奇怪的单词打乱节奏。保持视线稳定移动,理解能力自然就会提高。

指指点点

我记得在上小学的时候,老师告诉我,阅读时用手指在页面上顺着字句划动是非常糟糕的做法,虽然这样读起来可能更舒服,但从长远来看,这会妨碍阅读能力的提高。我确实从未见过成年人在读书时还要用手指来辅助的。我猜想,这种理念背后的逻辑是:由血肉构成的笨拙手指怎么能跟得上敏捷灵活的目光和大脑呢?又或者只是因为这么做显得很奇怪。无论如何,我得到的建议是这种方法不合适。

现在,请你试想一下你的视线在读一段话时是如何移动的。你也许会觉得自己的视线在平稳流畅地移动,但实际上(如果你观察其他人读书时的视线,就会注意到这一点),你的眼睛在以一种不稳定的方式反复停止阅读,然后再重新开始。之所以会停顿,是因为大脑在吸收此处的信息,因此,你的阅读速度取决于视线停顿的次数以及每次停顿的时长。

由此可见,那些能在两次视线停顿之间领悟更多词句的人的阅读水平更高。所有这些反反复复的停顿和重新开始,会给眼睛带来很大负担,也难怪阅读是催人入眠的有效方法。缓解这种眼部肌肉负担的方法之一,是借助其他手段来引导视线。

引导视线

请你在保持头部不动的情况下,试着从左到右毫无停顿地扫视眼前的房间。你会发现这几乎不可能做到,因为眼睛自然地想要停下来,仔细看看目光所及的各种物体。请重复这个练习,但这次伸出一根手指来引导视线。如果把视线集中在从左到右缓缓移动的指尖上,你会发现你的眼睛现在能长时间地平缓扫视。这么做不仅能让眼睛更放松,而且你仍能看到背景中的所有物体,尽管略有失焦。

现在,请将同样的原理用于阅读。把手指放在书页的一行字下方,从左往右移动,直到你的眼睛能够毫不停顿地扫视文本,然后逐渐加快速度,直到眼前的文字变得模糊,同时不要过于担心如何解读内容。有趣的是,如果到了难以分辨任何单词的程度,说明你的阅读速度已经远超每分钟1,000个单词。也就是说,其实并不存在阻碍你提升阅读速度的身体障碍,需要跟上的只是你的理解能力。

在找出你的阅读速度上限之后,请将速度放慢到自己觉得舒服的水平,这时你的阅读速度很可能已经提高了50%以上。现在,请尝试使用不同类型的"指针",我个人觉得细长的圆珠笔或者尖头的铅笔是效果最好的视线引导物。另外,也要养成稳定的手部移动节奏。你的大脑很快就能接受这种无间断获取信息的新方法,因为这种方法意味着你没时间停顿,或是出现记忆回溯。

我们假设你正在开车穿过一个风景区。如果你想尽可能地欣赏身边的美景,一种方法是隔一段时间迅速瞥一眼,安全起见,你必须缓慢行驶;另一种方法是每隔几公里就停车,下车欣赏美景,但问题是,这么做会让行驶速度变得和第一种方法一样慢,而且你会错过两次停车之间的所有风景。最佳方法是让别人替你开车,比如乘坐大巴车,虽然这会让你失去控制权,也许无法随心所欲地停车,但至少你能无间断地欣赏美景,抵达目的地的速度也更快,还能避免驾驶带来的身体疲劳。因此,请把你的手当作私人司机,让它来控制速度,你只需坐下休息,欣赏面前稳定经过的信息流即可。

实际上，人眼有可能同时阅读两三行文字，要点是你在阅读第一行文字时便瞥一眼下一行中的单词，为阅读下一行做准备。

在接下来的几天或几周时间里，请你坚持采用这种新的阅读方法，定期监测你取得的进步。请找出效果最好的引导物，如果你有节拍器的话，可以在训练时用它来帮你保持稳定的节奏，看看你能读多快。如果你在训练时把阅读速度提升到令人眩晕的程度，你会发现，当阅读速度回落到让你觉得更舒适的水平之后，你自认正常的阅读速度其实已经提高了好几个等级。

谁知道呢，说不定你就是下一位世界速读冠军！

第 3 章

笔记和思维导图

> 人们常说，画是介于事物和思想之间的一种东西。
>
> ——塞缪尔·帕尔默[①]

做笔记

无论是上课、考前复习、准备演讲还是构思作文，笔记都起到了至关重要的作用。但是，我们能否提高做笔记的效率？能否运用一些方法，让笔记变得更直观有用、易于理解，帮助大脑完整描绘出所有相关信息？答案是肯定的。

笔记有什么用途

首先要掌握基本知识。下列理由能极为充分地说明笔记的重要性：

1. 笔记可以作为一种有效的过滤器，帮助你集中注意力，优

---

① 塞缪尔·帕尔默（Samuel Palmer, 1805—1881），英国风景画家、版画家和作家。

先关注重点领域，无视无关内容；

2. 笔记能作为考前复习时的快速参考资料；

3. 笔记是你自己对信息的独特解读，因此本身就易于记忆；

4. 笔记能帮助理解；

5. 笔记有助于概括主题，这对你的想象力和逻辑性都具有吸引力。

注意力阈值

你是否曾经坐着听了一整节课或是讲座，却几乎什么也没记住？这真是个愚蠢的问题，但为什么会发生这种情况？原因可能在于以下一点或是几点：

1. 这场讲座单调乏味；

2. 你对这门学科毫无兴趣；

3. 老师令人兴趣全无；

4. 老师令人神魂颠倒；

5. 你正饱受睡眠不足之苦；

6. 学科内容太难以理解或信息量太大；

7. 学习或是社交及家庭原因造成的压力。压力是导致记忆和回忆丧失的主要因素，而且如果你的压力根源在于与成就有关的问题，比如考试、害怕失败或是来自父母的压力，那么它将永久存在。

效率

无论是什么导致你缺乏注意力,高效地做笔记都能够缓解这一问题。随着关键日期——考试时间——日益临近,各种恐慌性地做笔记的方法也层出不穷。

● 细致入微

先来看一位以记者风格做笔记的同学。这位同学无法遏制自己记下老师说的每个珍贵字词的欲望,唯恐漏掉一丁点儿智慧明珠,结果造就了一碗已经凝固的速记浓汤:笔记令人难以理解,核心主题丢失,时间都浪费在收集无用信息上。

● 危险!错误信号

接下来再看看那些狂热的艺术家,他们沉迷于创造一个由箭头、方格以及更多什么都指却又什么都没指的箭头组成的疯狂迷宫。你不会想让这种人在飞机着陆时负责空中交通管制。他们这么做的本意,是将单一数据、事实、理论或观点联系起来,从而创造一个宏大、统一的概况。这是一个勇敢而合理的目标,但如果没有基本指导方针,核心要点就会被埋葬在一团意大利面似的混乱之中。

● 精密工程

同样,还有一类同学是尽职尽责的绘图员。他们也会在笔记中使用箭头和方格,但用法更精确,煞费苦心地确保每条边长都相等,菱形或三角形中的角也都相等。然而,为了实现几何精度,一些相关的重要信息和数据可能会被忽视。

● 我不会忘……我真的不会

也许你是上课时从来不做笔记的那类同学,依靠的是对自己的记忆力的信心。你也许会觉得短期内你能记住一切,但你的长期记忆到底有多好呢?如果现在不做笔记,你将来能拿什么做参考呢?

那么,普通线性笔记到底有什么了不起?它们不算那么糟,对吧?我们一直依靠它们,它们也得到了普遍认可。情况就是如此,永远也不会改变。

实际上,情况正在改变,而且越变越好。现在,了解一下我们的大脑也许会有帮助。

思维的基石

人类之所以具备处理信息的惊人能力,关键在于大脑中被称作神经元的神经细胞。人们经常把这些细胞与电脑部件相比较,但从本质上说,神经元是无与伦比的,因为它们的运转方式是电与化学的独特结合。每个神经元都拥有一个称为轴突的主要突起,还有无数个称为树突的较小突起。神经元的轴突负责发送信息,其他神经元的树突会接收这些信息,接收和发送信息的这些点叫作突触间隙,在这个仅有十亿分之一英寸[①]的狭小空间发生的电化学变化造就了思维的本质。

如果从以下两点考虑,我们很难开启对大脑的思维潜能范围

---

① 1英寸约合2.54厘米。

的领悟:

1. 一个神经元能实现 1,027 次连接;
2. 大脑约有 100 亿个神经元。

这表明,人类的思维从本质上说是无限的。

大脑合二为一

大脑中最大的部分——端脑包含左右两个大脑半球,每个半球都被复杂折叠的"灰质"即大脑皮层覆盖,它负责处理决策、记忆、说话及其他复杂过程。大脑左半球控制右侧身体,右半球则控制左侧身体,称为胼胝体的横向神经纤维束将这两个半球连接到一起。

美国加州理工学院的心理学家罗杰·斯佩里在 20 世纪 60 年代展开了一项研究,研究对象是裂脑患者(他们接受手术切除了胼胝体,这种方法常用于治疗癫痫)。斯佩里发现了大量证据,证明每个大脑半球都有专门的功能。

在一项实验中,患者会用一只手触摸一个物体,再将其与相应的图片匹配。斯佩里注意到:

1. 左手能比右手更好地帮助患者完成这项任务;
2. 左手和右手处理这项任务的策略不同。

但是,在向患者口头描述实验物体之后,患者右手的表现好了很多，左手（即控制它的右脑）也更能帮助患者将所触摸的物体与图片联系起来。

斯佩里的研究极具开创性，他也因此在1981年获得了诺贝尔医学奖。芝加哥大学的杰尔·莱维等众多科学家在该领域做了进一步研究。现在已经出现了下面这张描述每个大脑半球的通用信息处理功能的图表：

左脑	右脑
分析能力	视觉
逻辑性	想象力
排序	空间感
线性	认知能力
演讲能力	节奏感
排列能力	整体认知（纵观全貌）
数字能力	色彩感知

看到上面列出来的特质，就很容易明白为什么很多人喜欢把一个人划分到左脑或是右脑群体，即擅长逻辑还是擅长创意。然而，这种解读过于简单化且具有误导性。公平来说，虽然一名会计师也许会大量利用左脑资源，一位艺术家会大量利用右脑资源，但大脑左右半球绝非以如此隔绝独立的方式运转。倘若如此，我们的生活将变得无比混乱。

例如，如果我告诉你"你一定在开玩笑"，而你仅靠左脑思考，那你也许会假定我从今往后只希望你逗人发笑。但如果稍稍用到右脑的认知能力，你就会发现我只是在表达惊讶之情。

历史上的思想巨匠，比如达尔文和爱因斯坦，都充分发挥了大脑左右半球的能力。

如果左右脑完美协作，会给我们带来什么？

1. 视觉分析；
2. 富有想象力的演讲；
3. 空间逻辑；
4. 丰富多彩的写作。

我们之前已经看了一些低效率的做笔记的方法，现在，让我们来研究一种充分利用大脑能力的方法。

思维导图

我的好友兼同事托尼·布赞几乎耗费一生来研究这个问题。托尼撰写了几本关于大脑和学习过程的畅销书，他是一种革命性笔记体系的发明者，即思维导图（Mind Mapping® ™）。

也许我把思维导图称为笔记体系会低估托尼的成就，它更像一种具备众多有益特点的学习方法。

以下是对思维导图的描述：

1. 主要对象以中心图像的形式呈现；
2. 各个主题以分支形式从中心图像辐射开来；
3. 用独特的标签、颜色和形状凸显每个分支；
4. 每个分支可以进一步辐射出由关键图像或关键词确定的子分支；

5. 分支或子分支可能相互产生关联，这取决于两者之间的联系。

刚刚列出的是思维导图的 5 大特征。我尝试尽可能简明准确地描述，自认做得还不错，但进行线性描述本质上也限制了我。我用文字来描述这些特征，不仅是听起来更专业，也是想请你调动自己的想象力。如果过多提及"分支""子分支"和"关联"，恐怕会让你彻底失去兴致。

如果我们能用某种方法一劳永逸地陈述事实、表达所有观点，一切不就简单多了？是用一张照片，还是用一千字描述一个人的脸庞会更准确？

一张图便能说明一切。思维导图也是如此。请看下页的示例。如果之前没见过思维导图，你也许会觉得这张图只是一幅精致的涂鸦，但这幅涂鸦代表的正是瑞士艺术家安杰莉卡·考夫曼的一生（第 19 章会讨论到她）。现在，既然你已经看过思维导图，我们再来看看刚才提到的 5 大特征：

1. 主要对象——这位艺术家——位于思维导图的中心；
2. 各个主题——成功、绘画、旅行、人生——以分支形式从中心图像辐射开来；
3. 每个分支都有独特形状，并加上了标签；
4. 每个分支都进一步衍生出子分支，比如"绘画"分支衍生出"肖像画""解剖""神话"和"新古典主义"子分支。部分子分支用关键图像加以修饰；
5. 子分支存在一定范围的关联，例如，衍生自"旅行"和

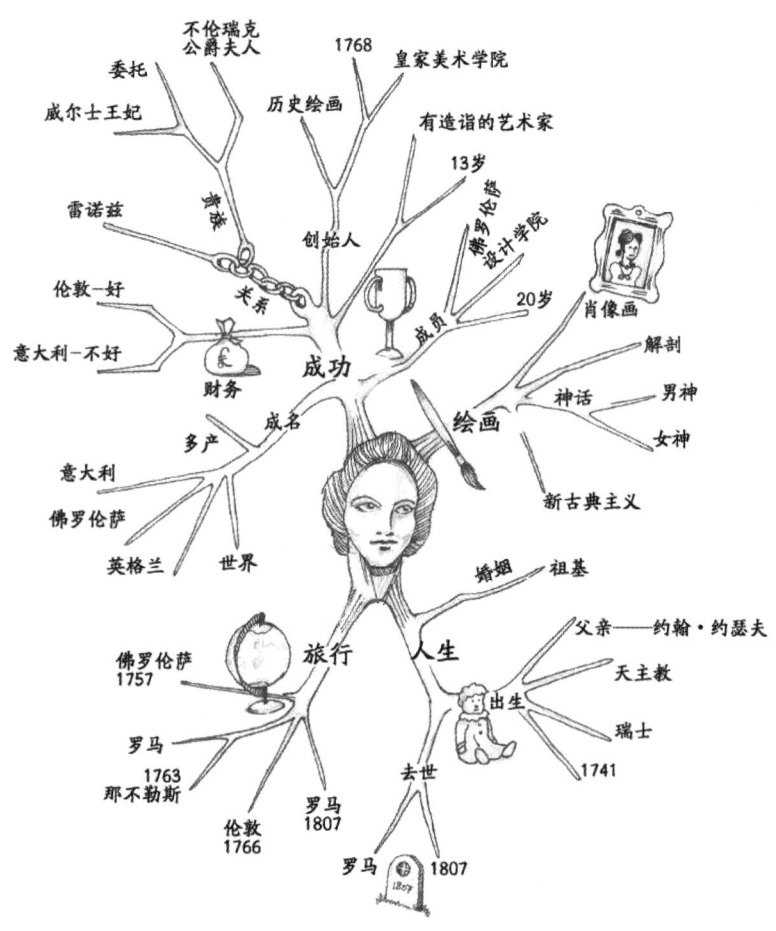

"成功"的子分支与意大利和意大利的城市有关。

思维导图的优点是什么

1. 主要对象的核心内容及其主题清晰可辨；

2. 每个元素的相对重要性显而易见；

3. 提供可实现快速评估的直观概览；

4. 排除了烦冗难解的不必要内容；

5. 独具特色，而且易于记忆。

相比于线性笔记，思维导图的优势是什么

思维导图的优势无穷无尽，这或许是因为它能满足大脑渴求的一切，全面调动想象力、空间感、文字表达能力、逻辑性等大脑皮层的技能。

思维导图能够释放想象力。如果使用线性笔记，你一次只能专注于一个观点。一句话一旦开了头，就只能坚持到最后，但我们的思维并非如此运转——思维是多维的。使用思维导图，能让你发散思维，摆脱单向、单一层级思维的束缚，使源源不断的随机观点不受阻碍地流动。思维导图会为你构建知识结构，作为你的私人助理为你搭建思维模型。

狭隘思维

凝视一页文字或是线性笔记，会让你乍一看无法领悟其意义，觉得毫无头绪，所以必须通读一遍。即便如此，关键词、核心主题和重要关联也会淹没在成堆的语法、语义、标点符号等语言特征中，变得模糊不清。

你可以把这比作一次铁路之旅。你希望探索新的疆土，决定坐火车旅行。这块新的疆土代表了你想学习的新课题，铁路代表与之相关的线性笔记，目的地代表你理解了课题内容，沿途的每次停留和车站代表内容关键词或主题，铁轨上的每条枕木则象征着笔记中的每个字。

为了好好欣赏这片疆土，感受当地文化，你决定在尽可能多

的车站停留，探索沿途村镇。问题是，你把太多时间花在了坐火车沿着一条直线前行上，这要花很长时间才能从一个车站抵达下一站。换言之，你把太多时间花在了与搭建笔记结构不相干的字词上，没有聚焦于能让你在考试中获得高分的主题内容。

你希望能更好地纵览全局，但对于自己身在何处毫无头绪，因为你没带地图！等到最终抵达旅程终点，你会觉得好像错过了什么。只沿着一条直线旅行，怎么可能好好感受一个国家呢？租一架直升机、带一张地图难道不好吗？这样不仅能提高速度，概览所有内容，还可以停留在任何你想仔细查看的重要位置上。

思维导图绘制指南

还是抛弃单调乏味的"铁路之旅"，转而利用"直升机"和"地图"学习吧！遵循下面简单的绘制指南，你就能把关键词、主题及最为重要的主题间的关联制成图表，创造出能让你全面理解学习内容的思维导图。

- **总是从中心图像开始**

这是你的关注焦点。请挑选一张大到足以让所有主题从中心辐射开来的纸。

- **每行只用一个关键词**

你也许很想每行写不止一个词，因为我们习惯这么做，但请别这样。直奔主题是个好习惯。

- **尽可能多地使用象征图像**

这很简单，你不必化身米开朗琪罗就能做到这一点。哪怕是非常简单的图像，也能产生视觉冲击，而且是非常有效的记忆辅助工具。

● **不同主题使用不同颜色**

大部分标准笔记都是用一种颜色写成的，通常是黑色或蓝色，而这索然无趣，容易被遗忘。颜色能够突出文字效果，易于记忆，增加个性和吸引力，而且丰富多彩！

● **运用创造性的想象和联想**

思维导图的美妙之处在于，它能容纳哪怕最狂野的想象。实际上，越是释放想象力，效果就越好。不必将通过头脑风暴迸发出的观点礼貌有序地排成一排，而要趁热打铁，立即释放。你只需画出一个分支，再列出这个观点即可。请保持下去，在必要时刻画出分支，如果突然冒出相关联的想法，就画一条线连接另一个分支，而不是把它丢到一旁稍后再想。

但请注意，不要让你的思路过于集中，这样只会阻碍创造力的自然流动。这个过程有点像在邮件分拣处工作。你的想法以不同形状的包裹和信件的形式成袋出现，数量实在太多，你很好奇它们都是从哪儿冒出来的。幸好，你有一个全自动邮件分拣处，你只需把这些邮件全都倒在传送带上。

所以，请你打开闸门，把思路全都倒在自主运行的全自动思维导图上吧。不必担心如何填满它，因为思维导图没有饱和点，如同人类无限的思维潜力，是一个用来描绘我们无限思维的无限空间。

何时使用思维导图

思维导图极为通用，请不要只用于复习，要一直使用！

接收口头信息

无论是上课还是参加小组讨论，思维导图都是记录信息和构建主题的绝好方法。它不仅能把所讲的内容简化为突出的事实，还能凸显各个事实之间的关系。结果既能说明问题，又会令人吃惊。

思维导图甚至能暴露出你的老师讲课时可能有些离题。例如，你的老师也许宣布这一整堂课都会讲血细胞的功能。然而，你的思维导图中并没有出现关于三大血细胞——红细胞、白细胞和血小板——的均衡分支，而是有七成内容与镰状细胞贫血有关。虽然你的老师对此很感兴趣，但这和学习内容无关。

如果你把这个结果展示给老师，恐怕不会获得任何印象分，但也许会促使他遵照教学大纲教学！

接收视觉信息

以实际演示、视频、影片、幻灯片等视觉形式呈现给我们的信息更具冲击力，因为动作、色彩、空间感和听觉元素等信息对大脑皮层有更广泛的吸引力。用图像加以辅助，能让我们更容易记住事物。亲眼观察石蕊试纸遇酸变红，比用文字或口头描述这种反应在记忆中停留的时间更长。

照此看来，思维导图如同一本日记，能够记录下所做的科学试验的景象，或者让我们想起某个历史场面。关键的象征图像——无论画得有多糟糕——在触发视觉记忆方面起着重要作用。

处理书面信息

使用课本、小说、剧本、杂志等资料的优点是，我们能按照自己的学习节奏，对于要读哪种资料、到底读多少拥有最终控制权。

但这么做的缺点是，我们无法感受到其他人的描述带来的影响，例如动画、口头强调、视觉刺激和互动。这使得学习过程更加困难，因为我们完全仰赖自己的思维方式。如果我们多少想感受一些这种影响，只能凭借想象力来代替动作、强调、刺激。假如你要学的是有关量子力学的文章，我向你保证，这并不容易。

不过，在不得不发挥想象力之前，运用下列方法能够节省你的宝贵时间：

1. 做好阅读规划。你可以先查看与学习内容有关的章节目录，或者迅速浏览索引，记下一些重要页码，认真做好这些工作。不要觉得好像有义务逐字逐句地读完一本书，关注不必要的细节通常意味着害怕错过什么，而危险在于，这种专注可能会导致你错过真正需要寻找的东西——核心要点。

2. 阅读时留意中心思想，如果觉得找到了，那么你的思维导图就有了起始点。请怀着开放的求知欲继续读下去，运用富有创造性的想象力让文章变得生动。

3. 试着不要被动阅读，仔细思考并推敲各种陈述背后的逻辑。

在阅读时，保持主动会显著提高你对内容的理解能力，也会加深记忆，因为你会在思维引导之下建立联系，产生联想，而联想正是记忆的运作机制。

4. 不断向你的思维导图增添内容，记下你在揭开更多辅助主题时想到的关键词和观点。名称、术语、日期和公式等重要信息都能写在从分支扩展出的线上，确保你能一眼认出这些内容。如果你想反映出顺序和优先级，可以给分支编号。

在一堂阅读练习之后，你的思维导图也许能揭示，你所认为的中心思想其实只是一个主要分支的子分支，反之亦然。如果发生这种情况，你需要再画一张思维导图，而这次要围绕真正的核心主题展开。

准备写作文

一篇作文由引文、正文和结论组成，这样看来，我们写作文时似乎也应当遵循这个顺序。可是，如果还没有写过某个对象，要如何给它写引文？

这有点像宣布自己的新年决心。每一条决心听起来都很靠谱，可是随着新年临近，你也许改变了主意，只希望当初能保持沉默。所以，与其做出可能不想遵守的承诺，不如先来规划作文的正文部分，这样就能保证写出准确的引文。

构思是开始写一篇作文的唯一方法，这能减轻你的困难，也让文章更易于阅读。事先描绘出文章结构，能让你保持话题的均衡分布，在不同观点之间平稳过渡。

如果盲目地提笔写出脑海中想到的第一件事，那么你的叙述会失衡，内容将重复而且脱节。随着你意识到顺序有误，或是突然明白了两个观点之间的联系，你会把写作时间浪费在中途修改上。别忘了，考官不会给重复的内容加分。不断重复只会浪费你的时间和字数，你本可以用来阐明观点，或者解释你是如何组合这些观点的。

假如你会犯错误，请在构思阶段就把它解决掉，不要等到临近完成才幡然醒悟。构思一篇作文看似存在难度，因为：

1. 你担心对文章主题了解得还不够，不知该如何开始；
2. 你萌生出的观点数量过多，不知该从何开始。

此时就到了思维导图大显身手的时候。实际上，我们总会低估自己真正的知识范畴，而思维导图具有挤压出所有知识的效果。如托尼·布赞指出的，"它就像一个独立的小矿工，在你的思维矿井中不断搜寻，挖掘出原本可能永不见天日的信息"。它透露出的信息远超你的想象，大大反驳了你认为自己一无所知的猜测，让你有信心下笔写作，你会发现自己的确有话可说。

但从另一方面来看，想说的话太多造成的过多选择可能会掩盖文章结构。为了避免这种"见树不见林"综合征，你可以运用思维导图来纵览所有观点。先从中心图像开始，写下脑海中呈现的所有想法。在这个阶段，先不要担心优先顺序，只需清空大脑，看着这些主题像冲击波一样从中央辐射开来。释放出头脑中最重要的想法后，你便能收集到构建正文的"骨骼"。一旦所有"骨骼"呈现在你面前，再将它们组装连接到一起就简单多了。

你可以把写作文的过程看作一条流水线。思维导图相当于作文的"骨架",语法是附着其上的"肉体",在这条流水线的最后,用语义为它"化妆",至此文章主体就写好了。

准备做演讲

我会在第 19 章详细介绍如何全凭记忆进行演讲,但首先,你要确保你的演讲值得牢记!

准备做演讲和准备写作文的方法非常相似,但稍有区别。首先,和构思一篇作文一样,用思维导图来确定演讲结构。不过,这次你可能需要将演讲内容浓缩至仅 3~4 个关键论点,具体取决于演讲时长。请你设身处地地为听众着想:最好以几个主题信息为主,便于听众理解,而不是试图涵盖过多话题,导致没有时间充分解释。

在此,你或许有必要画两张思维导图。希望第一张图能给你提供大量可选内容,更重要的是,能通过一些分支的密度反映出最重要的"演讲要点"。

第二张图是第一张图的精简版,能够让你获得包含最愿意谈论的话题的清晰结构。

一旦你对演讲规划感到满意,思维导图本身即可用来指导你完成演讲。这是一种极为有效的记忆辅助工具,让你无须来回翻找写在一堆小纸片上的笔记。无论是演讲还是学术生涯中的其他场合,思维导图都是你成功路上可靠又灵活的工具,你会好奇没有它的时候你是怎么熬过来的。

第 4 章

记 忆

> 记忆是所有智慧之母。
>
> ——埃斯库罗斯[①]

平凡还是非凡

在 1987 年之前,我坚信具备超凡记忆力之人必定有与生俱来的特殊天赋。我认为,从某种程度来说,他们的大脑构造十分异于常人,是自然的某种怪异特性选中的少数幸运儿,被赋予了常人无法获得的超能力。

早在 1974 年 5 月,来自缅甸仰光的班丹达·威基沙拉就以背诵 16,000 页佛经创下惊人的世界记忆纪录;26 岁的中国人勾艳玲也以记忆超过 15,000 个电话号码创下难以置信的类似纪录。而在花费数年时间研究记忆开发之后,再听到类似报道时,我已经不再感到惊讶困惑,因为现在我明白如何通过训练实现这类壮举。

[①] 埃斯库罗斯(Aeschylus,公元前 525—前 456),古希腊悲剧诗人,有"悲剧之父"的美誉。

我不再假定这些人一定具备生理上的不同之处（唯一的例外是拥有过目不忘能力的罕见人士），现在我相信，区分普通记忆力与记住电话号码簿中所有内容的能力的方法，只需两个词就能概括：欲望和技巧。

欲望和技巧

　　人们在某个领域取得杰出成就的程度与他们的欲望程度成正比，显然，生活中的大多数事情都是如此。最优秀的运动员们具有一个共性——在对特定运动的强烈热情的驱使下，怀着渴望成功的决心。如果对某个事物或事情的需求、渴望、决心和热爱足够强烈，那么获取和运用必要的技巧就会成为一种快乐，而不是任务。

　　对于学习也是如此。你也许会觉得，你不可能跟物理谈一场恋爱，但至少，对某个学科的特定领域感兴趣，绝对会让学习过程变得更加愉悦。可我们要如何创造出这种欲望？它又从何而来？

　　灵感通常会激发我们对于一项运动的热情。想要成为世界级足球运动员的梦想，或许源自曾经瞥见英国球员韦恩·鲁尼一脚动作新颖的世界波，而美国选手维纳斯·威廉姆斯打出的一记令人难忘的反手也许会促使你沉迷网球。

　　无论激发你的是灵感还是魅力，是出于好奇还是想要效仿，因某种事物而生的第一印象会永远留在我们心中，激励并驱使我们渴望成功。

　　对我来说，促使我投身记忆研究，并以撰写本书而达到巅峰的因果链,源自在电视上看到克赖顿·卡维洛记忆一副纸牌的场面。看到一个人仅凭脑力完成看似不可能的任务,不出 3 分钟便记住 52 张表面上毫无关联的纸牌,这令我如痴如醉。我开始好奇,想弄明白他到底是怎样做到的。

就像这样,在灵感的影响之下,我终生都无法自拔!

大脑的慢跑

现在回想起来,我最初的野心似乎多少存在一定局限。我满脑子只想着打败克赖顿的用时,让我自己的用时跻身世界纪录。

我当时并没有意识到,在接下来数周和数月进行的训练,实质上是一堂加快学习速度的实践教学课。我以为在我的记忆训练结束之时,我大脑中的一个微小部分将要掌握的唯一一项新技能,就是记住纸牌顺序。

没有人告诉过我,记忆训练还能产生以下更广泛的影响:

1. 注意力更专注;
2. 记忆更持久;
3. 思路更清晰;
4. 增强自信;
5. 观察力更广泛。

简言之,我在不知不觉中,像运动员锻炼身体那样锻炼了我的大脑。这就如同因为衣服不再合身而促使你下决心减肥一样,在为期 6 周的日常健身之后,改善的不光是衣服穿在身上的形象和感觉，你的身体机能同样会有所提高。

而且还会有其他好处，比如血液循环得到改善，肤色变得更加健康，大快朵颐时没了罪恶感，整个人也变得更活跃。

在过去的几十年里，我们一直把全部精力放在了让外形变漂亮上，很多人认为，加入健身房和定期锻炼越来越重要。但是，既然我们也能为大脑塑形，为何仅满足于获得健美的身体呢？

虽然大脑是一个器官，但我们可以像对待肌肉那样对待它，锻炼得越多，它就会越强壮。相反，只在嘴上说着"用之或弃之"，正是思想会变懒惰的一个恰当警告。

一种最令人愉悦的锻炼身体的方法，是参加某项体育活动或集体活动。运动产生的竞争对抗会将你的注意力从艰苦无趣的锻炼中转移，从而专注于如何取胜。那么，对于脑力锻炼而言，这种方法同样有效吗？

国际象棋、桥牌和拼字游戏这种一对一的比赛，以及涉及解决问题、横向思维和策略的团体比赛，都是挑战和激发思维过程的绝佳方法。国际象棋是一种尤为精妙的脑力运动，因为它能提高大脑皮层的众多技能：进行前瞻性规划的逻辑能力（如果我做了A，就将导致B、C、D或者E）、排序能力、记忆和想象力、空间感和概览能力。现如今，已经不存在用来逃避的借口，如果找不到比赛对手，或者没时间加入运动俱乐部，你总可以买个电脑软件，或是在线对决。这样一来，你就随时都能较量一场，但除非你是位国际象棋特级大师，否则想要取胜并非易事。

如果你喜欢团队合作和分享观点，不如建立一个"动脑俱乐部"。我偶尔会给这种俱乐部做讲座，它们针对的是想要学习如何充分利用自己脑力的人士，并且越来越多地在学校包括大学中出现。

"脑力运动员"的崛起

自1991年首届世界脑力锦标赛在伦敦著名的雅典娜神庙俱乐部举行以来，记忆便作为一种脑力运动迅速发展。现在，世界脑力锦标赛已成为一项在全球各地举行的年度比赛。随着这项赛事的声望与日俱增，全球媒体对该赛事的兴趣水涨船高，吸引到的赞助也逐渐攀升。奖品价值增加的同时，赛事的竞争强度也随之增大。更多记忆明星，或者称为"脑力运动员"，从全球各地被筛选出来。他们渴望一举成名，夺取价值不菲的奖品。

世界脑力锦标赛是世界记忆运动理事会的旗舰赛事。该理事会目前在8个国家设有分支机构，从中国到加拿大、英国和美国，覆盖全球各地。如果记忆的力量激起了你的兴趣，就像多年前和如今的我所经历的那样，你可以查看世界记忆运动理事会的官方网站（www.worldmemorychampionship.com）。该理事会的英国分支机构于2005年设立，负责管理英国的脑力运动赛事。你可以尝试成为一名会员，获得脑力运动员的官方认证，理事会也可以帮你联络你所在地区的记忆俱乐部。

世界脑力锦标赛并非唯一一项国际性脑力运动赛事。一年一度的脑力奥林匹克大赛为全球脑力运动员提供了另一个较量舞台。参赛运动员在国际象棋、西洋双陆棋、拼字游戏及其他策略游戏中展开对决，争夺金银铜牌。脑力奥林匹克大赛的官方网站（www.msoworld.com）提供在线测试脑力技能的机会，你也能通过它来了解所在地区的脑力俱乐部。

总之，记忆力大有可为。它是一种运动，一种脑力锻炼方法，也是调节大脑皮层的一把音叉。如果定期训练脑力，就能掌握如何学习的关键,最终学会如何通过考试。

你的记忆力有多好

作为对照测试,请你试着在两分钟以内,按顺序记住以下 20 个词语。

1. 钻石
2. 大脑
3. 梳子
4. 火
5. 马匹
6. 窗户
7. 贡多拉
8. 婴儿
9. 财宝
10. 医生
11. 烹饪
12. 书桌
13. 晕倒
14. 地毯
15. 星球
16. 龙
17. 书

18. 小提琴

19. 割草机

20. 影子

现在，请尽可能多地按出现顺序写下你能记住的词，然后对照下表，看看你的记忆力情况如何。

20	完美
16~19	优秀
11~15	很好
7~10	良好
3~6	一般
0~2	试着喝更温和的饮料

如果你的表现只是一般，别担心，等到读完本书，你就能大幅缩短与完美程度的距离。我们难以记住一串随机字词的原因在于它们之间没有明显关联。因此，我们要么依靠"蛮力"强迫记忆，要么不断地重复它们，希望能产生某种言语或是韵律上的记忆，例如"钻石……钻石，大脑……钻石，大脑，梳子"，等等。不幸的是，因为这些字词既没有节奏，也不押韵，所以语言记忆的方法总是异常艰难，而最有效的方法是运用想象和联想。

第 5 章

想象和联想

> 你看了什么并不重要,重要的是你看到了什么。
>
> ——亨利·戴维·梭罗[1]

想象力才是关键

　　古希腊哲学家亚里士多德相信,人的灵魂在思考之前,必须先创造出一幅心理图像,所有知识和信息经由五感——触觉、味觉、嗅觉、视觉和听觉,进入灵魂,也就是大脑。然后,想象力率先发挥作用,破译五感传达的信息,将之转化为图像,之后智力才能处理这些信息。

　　换言之,若想理解身边的一切事物,需要我们不断地在大脑中为这个世界创建模型。

　　大多数人从很小的时候起就已经在创建心理模型,而且很快便驾轻就熟。我们仅凭脚步声就能认出一个人,仅凭最简单的动

---

[1] 亨利·戴维·梭罗(Henry David Thoreau, 1817—1862),美国作家、诗人和哲学家,著有散文集《瓦尔登湖》。

作就能从直觉上判断一个人的情绪。不过，你此时此刻正在做的事，其实是一个更加惊人的例子：你的眼睛正在无比轻松地扫视大量杂乱无章的文字，你的大脑从中识别出词语，并在你阅读这些词语的同时在脑海中形成图像。

如果我们能记住的话，想象力最惊人的展示或许出现在我们的梦里。现在已经有各种工具帮我们好好体验梦境。一些志愿者参与测试了一种此类设备，它包含一副装有传感器的护目镜，这个传感器能记录我们睡眠时的快速眼部运动（REM）。快速眼动睡眠表示我们的梦境处于最活跃的时期，它只在特定时间出现，而且只会短暂爆发。传感器一旦检测到快速眼部运动，就会触发护目镜中安装的迷你闪光灯，目的是在不吵醒志愿者的前提下，让他们逐渐意识到自己正在做梦。这种半清醒的意识状态，能让人们看到想象力塑造的虚拟现实世界中的迷人场景。有反馈称："一切都绚丽多彩，细节完美无瑕。"这个世界会以令人难以置信的精确度，忠实再现多年未见的亲朋好友的面庞，所有感官体验都会真实到不可思议。

我用做梦来举例，只是为了反驳一些人的蹩脚借口，例如：我永远学不会你教的方法，我完全没有想象力。这就错了。我们都拥有极富创造性的想象力，正如我们在梦中展现的那样。可惜的是，对于一些人来说，想象力只有在梦中才能得以释放。

由此可见，是否能够教授创造力的争论本身即是错误的。我们在孩童时期都证明了自己与生俱来的创造力，那时我们都活在五彩缤纷的想象世界里。所以，问题实际上应该是：我们要怎样才能让这种创造力回归到成年生活中？

造成这种局面的部分原因，也许是我们在人生中过早被告知

"要长大",或是"举止要开始像个成年人"。这种告诫会让我们觉得,想象力活跃代表着孩子气,没能摆脱这种孩子气的人最终会从事不稳定的工作,比如当喜剧演员、表演艺人或是艺术家。而我相信,问题不在于你该做什么才能变得有创造力,而在于不该做什么。要成为一个"不该做什么"的人,你应当变得:

不受约束　不受限制　不受阻碍
不含偏见　不可预知　不同寻常
不被驯服　不被禁止　不遭审查

有趣的是,把其中很多词的"不"这个前缀去掉,便能描述创作自由在专制政权统治下的国家会不可避免地经历什么——遭到审查、限制、禁止、阻碍和驯服。

因此,要想让创造性思维开花结果,我们首先要移除障碍,打破无意中给自己设定的界限,这样才能让思路不受约束、自由流动。思想在得到彻底释放之后,才能选择风景最优美的路线任意探索遨游。

以下练习是一个十分有用的想象力测试,能让你进入正确的思维状态,从而在接下来的几章中更易学习记忆技巧。如果你熟悉头脑风暴和创造性思维训练,这个测试会很容易,只需自由发挥想象力即可。

假设你现在拥有达·芬奇的原版画作《蒙娜丽莎》,请你尽可能多地写下你能想到的这幅画的用途,用时不得超过两分钟,然后根据你列出的用途数量对照下表,看看自己的想象力怎么样。

20 种及以上	非常有创意
16~19 种	优秀
11~15 种	很好
7~10 种	良好
3~6 种	一般
0~2 种	懒惰的人

最常见的答案是:

把它卖掉,发大财。

富有社会责任心的人会说:

把它捐给博物馆。

毫无冒险精神的人会说:

把它挂在客厅墙上。

不受阻碍地释放想象力的人会说:

寒冬腊月时拿它包住管道保温。

在这个测试中,取得高分的秘诀是让你的想象力尽情驰骋,而不是浪费时间,试图想出一个基于实用性、逻辑或是伦理的主意。追随心灵的眼睛，只管记录它所看到的一切，只需一会儿，你就能跟上不受约束、奔涌而出的思想洪流了。

当我以 38 秒记住一副纸牌顺序时——创造了世界纪录——我根本没时间做任何计划。我就像一个忙着给 52 位马拉松跑者拍摄快照的摄影师，要想创造世界纪录，我的用时不能超过 43 秒，因此没时间拍出精雕细琢的肖像照，只能看见什么就拍什么。

同样，要想让想象力开花结果，你需要稍稍放弃控制，任其发展。如果有人告诉我们要运用想象力，这意味着我们多少要付出一定努力。但我们其实在不断地自发制造创意，难点在于如何看到这些创意。我们应当把努力集中在训练如何将想象力可视化上。我自己的记忆训练大约有 95% 的时间都聚焦在这一点：可视化。

联想

我们定义一个事物时，靠的并非事物本身，而是由此产生的联想。如果看到一个烟斗，我不会立刻想道："这是一根一端有一个碗的管子，能用来抽烟。"我会想到夏洛克·福尔摩斯，想到我知道的一家小烟草店，想到巴尔干寿百年（Balkan Sobranie）香烟的味道，还有比利时超现实主义画家勒内·马格里特描绘烟斗的著名画作《这不是一个烟斗》(Ceci n'est pas une pipe)。

如果看到一双长筒橡胶靴，我不会自然而然地想道："这是能松松地包裹小腿，防止雨水渗入的橡胶靴。"我会想到泥泞的小路，想到钓鱼、赛马、林地漫步等字典定义之外的一切。如果看到一只牡蛎，我不会觉得它是一个双壳贝类。

我对一种事物的看法——无论是一部电话还是一只猫——并非基于其功能或是化学构成，而是基于先前与之有关的所有联想。和这种事物有关的遭遇和经历越多，产生的心理依赖也就越多。这种心理依赖不断累积，久而久之便形成一种氛围，赋予事物独有的特性。比方说，电话会让你联想到什么？想到接触外部世界，想到激动人心或是令人悲伤难过的消息，还是付电话费？若是努力思考很久，你也许能写出一本关于电话的书。听到电话铃声会让我们产生什么感觉？是喜悦、惊慌、好奇、舒心，还是厌烦？请仔细琢磨这些联想，以便非常顺畅地进入下一章节。

第 6 章

关联法

绘画中的物体应当按照各自位置排列，以便讲述它们自己的故事。

——歌德（1749—1832）

让想象力自然萌发

如果你觉得很难记住第 4 章中随机列出的 20 个词语，那是因为它们之间没有明显的关联。解决这一问题的方法便是让想象力开始运转，自行创造关联。

这种用来记忆一系列事物的简单方法称为关联法，它尤其适用于需要记忆一连串事件的历史学科。即便你所学的学科不需要你按顺序记忆各类资料，关联法也是一种有用的记忆练习，因为它会利用到你富有创造性的想象力，尤其是联想能力。而且，你永远不必担心无法将一些看似毫无关联的字词联系到一起，因为奇怪而又令人难忘的画面会轻而易举地浮现在眼前。

请你再看一遍第 4 章的词语列表，但这次，请用稀奇古怪的故事将它们联系起来。例如，首先想象你正在用一块锋利的巨大**钻石**解剖**大脑**。切开大脑之后，你发现在端脑深处埋藏着一把五彩缤纷的**梳子**。你把梳子拿开，注意到梳子上的一些鬃毛疑似被**火**烧焦……故事就这么展开了。

请利用下面这个列表，用你自己的叙述完成这个故事。为了让故事更加难忘，你可以夸大故事情节，试着调动触觉、味觉、嗅觉、视觉和听觉等所有感官。但最重要的是，要集中精力，尽可能详细地把通过想象力产生的画面可视化。别着急，你可以在看完每个词语之后闭上眼睛，尝试构建心理图像，我个人觉得这种方法会有帮助。

1. 钻石
2. 大脑
3. 梳子
4. 火
5. 马匹
6. 窗户
7. 贡多拉
8. 婴儿
9. 财宝
10. 医生
11. 烹饪
12. 书桌
13. 晕倒
14. 地毯

15. 星球

16. 龙

17. 书

18. 小提琴

19. 割草机

20. 影子

现在，请把新的记忆情况和首次尝试的相比较，这次你的运气会好很多。如果你确实漏掉了某一个词，可能是下列原因之一：

- **你所描绘的图像太过无趣**

  你需要夸大想象，创造动感，才能让心理图像脱颖而出。请注意，我描绘的梳子色彩异常鲜艳，钻石也巨大无比。

- **你觉得不管怎样都能记住**

  这是一种常见错误，特别是当你觉得"龙"这样的词本身已经极具冲击力，无须增添额外细节即可记住的时候。你一开始就懒得记忆某样东西，还怎么指望自己能把它记起呢？

- **心理图像过于模糊**

  你也许记住了"乐器"这个词，而不是"小提琴"。看到尽可能多的细节非常重要，请注意小提琴的形状，听听琴弦发出的声音。

- **你无法将这个词转化为图像**

  有些特定词汇难以可视化，这意味着你需要发挥创意，运用一点聪明才智。例如，如果难以为"晕倒"（faint）这个词构建图像，那就想象"描绘"（paint）一个巨大的字母 F。因为这两个英语单词是押韵的，所以替代单词能够恰当地促使你想起原始单词。毕竟，让记忆相结合的要素便是联想。

● **没有相应的背景**

使用关联法的难点在于，它往往需要你描述相应的背景环境。例如，在试图想象解剖大脑的可怕场景时，你脑海中会浮现出在什么地方进行这场手术？也许你有模糊印象，认为手术应当在实验室或是手术室中进行。那么，你想出的贡多拉又位于何处？难不成你要突然飞到威尼斯？我发现，因为过度专注于列表中的词语，我基本忽略了联想时可能一并产生的背景细节，想象出的画面仿佛飘浮在白色的迷雾中。你在实践中可能也会意识到这一点。这么做的危险是，你想象出的图像仿佛是虚幻真空中的卡通绘画。如果你的故事中没有明确、独特的背景设定，你要如何记住这张列表，并将它与今后要记忆的其他列表加以区分？

设定背景

为了让大脑牢记心理图像，我们需要让心理图像对记忆产生尽可能真实的影响。实现这一点的秘诀是，想象出熟悉的背景，从而将这些图像牢牢拴在脑海中。举个例子，让我们试着按照英国历代王朝的统治顺序进行记忆。

1. 诺曼王朝（Norman）[①]

[①] 作者在后文演示记忆方法时运用了英语单词的押韵，文中对相应英语单词做了标注。

2. 金雀花王朝（Plantagenet）

3. 兰开斯特王朝（Lancaster）

4. 约克王朝（York）

5. 都铎王朝（Tudor）

6. 斯图亚特王朝（Stuart）

7. 汉诺威王朝（Hanover）

8. 温莎王朝（Windsor）

你或许不想学习这份年表，但这是一个绝佳的例子，因为很少有人能记住这些王朝，更不必说按统治顺序记忆。所以，这对你来说是全新的信息。将关联法与在特定地点发生的富有想象力的故事相结合，就能让这些信息摆脱乏味枯燥的一面，为它注入活力，让它变得更容易记忆。

以下是我用来记忆这个年表的正确顺序的方法。在阅读这个短篇故事的同时，请你保持开放的心态，尝试运用强大的想象力描绘出故事情节和场景。

因为这次要记忆的是王朝年表，所以我为这则故事选定的地理位置是白金汉宫。请你想象一个叫诺曼·贝茨（Norman Bates）的人刚刚和女王一起喝了下午茶，正要从大门离开白金汉宫。当然，这个人物也可以叫格雷格·诺曼（Greg Norman），或是其他任何你更熟悉的名字里带"诺曼"的人。接着，要记住金雀花王朝，请想象诺曼登上在大门外等待他的一架飞机（plane），这是一架兰开斯特式（Lancaster）轰炸机。他在飞向伦敦上空之际决定发动一场空袭，但他投放的并非传统的炸弹，而是由巧克力制成的约克棒（Yorkie Bar）①炸弹。其中一个约克棒砸中了一座拥有巨大的矩形窗户的半木质都铎式（Tudor-style）老宅。一位名叫斯图亚特（Stuart）的苏格兰人被这番骚动吓坏而冲出了宅子。他睡眼惺忪，摇摇晃晃地走来走去，似乎已经筋疲力尽，手中的空酒瓶说明他正饱受宿醉（hangover）之苦。为了醒酒，他决定去特拉法尔加广场的喷泉玩风帆冲浪（windsurf）！

这则故事本身荒诞离奇，根本不可能发生，但这正是我能记住它的原因。而且，即便这是我的创作，你或许也能记住它。创作这则故事并没有花费太长时间，我只是在读到列表上的每个词语时，将在脑海中浮现的第一印象和联想转化成了图像。抓住这些第一印象非常重要，因为它们今后最有可能重复出现。

请注意，这则故事中的情节发展是遵照年表顺序的，因此我能用较快速度以正序或者倒序背诵这些王朝名称。约克王朝之后是哪个王朝？通过回想故事中发生在伦敦上空的情节，就知道答案是都铎王朝，因为你能回忆出约克棒炸弹掉落到都铎式老宅的画面。同样，你应该也能立刻说出约克王朝之前必定是兰开斯特王朝。现在，试试看你能否仅凭倒转故事情节来倒序复述这个年表。

我会在第9章通过介绍数字的语言来讲解如何记忆日期。但现在，你大可满足于掌握了一种利用简单的故事大幅提高记忆力的方法，记住了原本可能被遗忘的信息。

---

① 源自英国约克的一种巧克力棒。

第 7 章

可视化

> 我能很好地记住遗忘。
>
> ——罗伯特·路易斯·史蒂文森[1]

你的完美记忆

  如果你必须写下一切，详尽记录每天能记住的每件事——早饭吃了什么，发生了哪些对话和争执，看到、听到、想到了什么，产生了什么情感——那可能你的一整天都会花在这上面。假如思考的时间够久，对某个事物的单一记忆最终将转化成千千万万的记忆。

  这似乎体现出一种非常严重的不均衡。一方面，如果我们的记忆如此完美，能精确回忆起在下午 1 点 40 分系过鞋带，从一片吐司上涂抹的橘子酱里清除一粒灰尘，那我们为什么就是记不住氢的原子量是 1.00797 呢？

---

[1] 罗伯特·路易斯·史蒂文森（Robert Louis Stevenson, 1850—1894），英国苏格兰小说家、诗人，英国文学新浪漫主义的代表之一。

答案很简单，你之所以能记住关于一天经历的大量信息，是因为这是你的亲身体验。你这一天充满丰富多彩的经历，产生的联想交织而成的庞大网络，让每一种经历都十分难忘。你能记住在下午 1 点 40 分系了鞋带，是因为你当时正在看杰里·斯普林格[①]的电视节目，而不是在上课。

同样，回忆一天中所发生事件的顺序也很简单，只需回想事件发生时你身在何处、正在做什么。你显然不必问自己："我在被贵宾犬绊倒、撞破脑袋之后，到底有没有接受治疗？还是几小时之前就已经治疗过了？"除非你真的很容易出事故，或是事故对你造成了严重的脑震荡。

你能清楚记得坐火车去大学的情景，是因为你看到了车上的乘客和车窗外的田野，同检票员说过话，感受到了火车的震动，也闻到了火车独有的味道。如果这些证据对你的记忆来说还不够，你还会增添自己的想法，把观察到的一切牢记在心。

那么，我们要屏蔽多少种感官才能忘记经历的一切？蒙住眼睛在学校里待一天显然不够，戴上耳塞肯定会妨碍学习，这都不足以让你忘记一天的经历。实际上，无论在多大程度上降低你的敏感度，你的记忆仍然拥有一种无法被屏蔽的东西——想象力。

为了证明这一点，以下有一个横向思考题，题中叙述的是真实事件。

横向思考

我闭上眼睛，堵住耳朵，在一间屋子里坐了一整天，有几位

[①] 杰里·斯普林格（Jerry Springer），美国著名脱口秀节目主持人。

证人全天陪伴在我身旁。我想象自己在按照既定顺序会见 2,808 个人。我仅在让我看一个字符时眨一次眼。

我当时在干什么？

我正在尝试记忆 54 副纸牌的顺序，全部的 2,808 张纸牌已经被洗到一起，形成了一个随机序列。

所有纸牌一张接一张地发出，每张牌只允许我看一眼。在花费 12 小时记忆这些纸牌之后，我做好准备，开始背诵纸牌顺序。包含休息在内，这个过程又花了 3 小时。

我于 2002 年 5 月在伦敦尝试打破这项记忆纪录，最终成功背出正确顺序，仅有 8 次错误。我能实现这一点的方法如下：

1. 在尝试打破纪录之前，我事先想出了 54 条不同路线；
2. 每条路线都是一趟独特旅程，通往小镇、公园或是高尔夫球场等熟悉的心理位置；
3. 我确保每趟旅程沿线都有 52 个车站或地点；
4. 我在脑海中用不同人物代表每张纸牌，例如，代表梅花 K 的是萨达姆·侯赛因[①]，代表方块 4 的是我的银行经理；
5. 为记住纸牌顺序，我只需想象在每趟旅程沿线逐一见到这些代表人物；
6. 这些旅程的顺序自然代表了发牌顺序。假如第一副牌中的第一张是方块 4，我就会想象我的银行经理正站在温特沃斯高尔夫球俱乐部的第一个球座前，因为这是我第一趟旅程的第一站。

---

① 萨达姆·侯赛因（Saddam Hussein），伊拉克第 5 任总统。

我向你保证，如果不采用这种方法，我完全不可能记住8张或者9张以上纸牌的顺序。尽管2,808条信息看似数量庞大，难以记忆，但和你在度过典型的一天之后要回忆起的信息量相比，这根本不算什么。

我所做的事情实际上欺骗了我的记忆，让它在一定程度上相信自己见证了这一系列经历，而这种信念的深度完全取决于我的想象力构建虚假经历的能力。之所以说"在一定程度上相信"，是因为如果有朝一日我真的开始相信我和萨达姆一起打过高尔夫球，那我的亲朋好友就该开始担心了！

布拉德·皮特要素

我在向学生讲解这种方法时，一些人会表示，虽然他们理解这种方法的原理，但依然不愿意尝试，因为他们无法想象出逼真的风景或者人物图像。非常值得强调的一个重点是，我不仅无法想象出生动的心理图像，而且只能看到构建整体心理图像这个过程中的一部分。对记忆产生强烈影响的不是细节丰富的高清图像，而是多重感官形成的印象。

假如我告诉你"别转身，布拉德·皮特正站在你身后"，你或许无法准确在脑海中描绘出他的形象，但你肯定会感受到他的存在。这会引发很多复杂的反应，最终在你的记忆中留下持久印象："他在我卧室里干什么？"

这就是我用人物来代表每张纸牌的原因。在最开始尝试建立记忆体系时，我将椅子、书本或是桌子等家用物品选作象征符号，用来记住纸牌。但这些东西都没有"布拉德·皮特要素"。记住布拉德·皮特比记住一张餐桌更容易，这完全不出所料。人物具备自己的鲜明个性，他们富有生气、多才多艺，对不同环境有不同反应，因此你能用更多方式与他们互动，而一张餐桌无论走到哪儿依然是一张餐桌。

由此看来，记忆各类信息的关键在于人物。无论是记住随机排列的纸牌、一部莎士比亚剧本中的复杂演说，还是记住化学式、历史日期，又或是记住你希望在考试时能够记忆犹新的任何重要知识，人物都是记忆的关键因素。

第8章

旅程记忆法

> 眼前所见风景即代表一种精神状态。
>
> ——亨利-弗雷德里克·阿米尔[1]

通往完美记忆的观光路线

  我在前一章中简要描述的方法——通过想象通向熟悉的景点或位置的路线,能够"牢记"需记忆的词语和顺序,绝不是只有我才能使用的独享秘诀,你也能运用这种方法,我会在本章告诉你该如何操作。

  以下练习与其说是记忆测验,倒不如说是想象力测验,但无论如何,在看完下面这个列表之后,你应该能将它全面回忆出来。想要实现这一点,你将用到旅程记忆法,或者把它叫作轨迹体系。古希腊人在2,000多年前便知晓这种方法,并运用它来提升自己的记忆力。

---

[1] 亨利-弗雷德里克·阿米尔(Henri-Frédéric Amiel, 1821—1881),瑞士哲学家、诗人和评论家。

但首先：

1. 你需要事先想出一条包含 12 个站点的心理路线，比如你从家去往学校、大学或是朋友家的一条典型路线；

2. 将具有重要意义或是令人难忘的地标选作沿线站点，比如教堂、汽车站或者邮局；

3. 确保这条路线的方向合乎逻辑，因为这能体现出所记条目在列表上的顺序；

4. 如果对构思出的路线满意，请在阅读列表之前将它熟记。这条路线可能如下所示：

站点 1　前门
站点 2　大门
站点 3　街角小店
站点 4　红绿灯
站点 5　人行天桥
站点 6　车站入口
站点 7　4 号站台
站点 8　火车
站点 9　教堂
站点 10　大学校门
站点 11　图书馆
站点 12　你的书桌

旅程记忆法的要点，是在脑海中将需要记忆的词语放置在每个站点对面。例如，如果你所选路线的第 1 站是前门，那就想象看到一口巨大的**钟**拦在门口台阶上，不让你出门；来到第 2 站，你看到长条状的**培根**挂在你家大门口，闻到空气中飘荡的肉香——真是非常奇怪的景象；接着，在街角小店外面，**埃菲尔铁塔**的独特形状映入你的眼帘，虽说只是个模型，但它为什么会在这里？……以此类推。

请你想象自己如同往常一样出发去大学，只不过这次你在路上会有一些不同寻常的遭遇。在将每个站点的词语可视化的同时，试着回想这个站点的氛围。调动所有感官，听听车来车往的声音；看看天气怎样，是温暖还是寒冷？让味觉、嗅觉和触觉发挥各自作用，同时记录你看到每个词语时的反应。

窍门：不要试着记忆这些词，而是给它们注入生命。要记住，这是想象力测验，而且时间不限，所以无须慌张，只需好好享受这趟旅程。

1. 钟（Bell）

2. 培根（Bacon）

3. 埃菲尔铁塔（Eiffel Tower）

4. 迈克尔·舒马赫（Michael Schumacher）[1]

5. 油脂（Grease）

6. 鲍勃·格尔多夫（Bob Geldof）[2]

7. 冰激凌（Ice cream）

---

① 迈克尔·舒马赫，德国一级方程式赛车车手，现代最伟大的 F1 车手之一。
② 鲍勃·格尔多夫，爱尔兰著名音乐家，曾在 1985 年组织举办"拯救生命"（LIVE AID）大型慈善演唱会，并因此获得 1986 年度诺贝尔和平奖的提名。

8. 力士香皂（Lux soap）

9. 网（Net）

10. 一杯波特酒①（Glass of Port）

11. 公牛（Bull）

12. 王冠（Crown）

我在本节开头即说明这是一个想象力测验，但因为我坚信想象力是记忆的关键，所以我非常期待你能把这 12 个词语全都回忆起来。

全面回忆

要回忆这份列表，你只需回顾旅程，回放脑海中记录旅程的电影胶片，回想那些不同寻常的场景。

如果你回忆到某个站点时大脑一片空白，这并不代表你的记忆存在缺陷，而是你最初记忆这些信息的方法有所欠缺。如果错在录像设备，请不要责怪投影仪。若是漏掉某个场景，说明你构想出的画面对记忆的冲击力显然不足，不够刺激，请让思路回到这个地点，"重拍"这个场景。你可能会觉得，相比于记住一些不那么生动的物品，记住舒马赫和格尔多夫这两个人物要容易一些。我在前文已经详细分析过，人物形象更易于记忆。因此，假如某些物品不那么有趣，在记忆时必须夸大相应场景予以弥补。

旅程记忆法的妙处在于条理清晰，当然，前提是你构想的路线条理清晰。这是一种极为有效的心理档案系统，能够简便迅速

---

① 波特酒，又称钵酒、波尔图酒，是产自葡萄牙波尔图地区的一种葡萄酒。

地访问任何所需的数据。例如，如果想知道"培根"之后的词语是什么，只需回想你的路线，便能锁定答案"埃菲尔铁塔"。同样，将这趟旅程倒转，你就能以倒序复述这份列表，也就是从大学回到家中。

不知你是否注意到这些词语本身的意义？让我再给你出一道横向思维思考题——

问：每个词语之间有什么联系？

答：它们象征着率先加入欧盟的12个国家，而你在不知不觉间上了当，按照英语字母顺序记住了这些国家。

不过，需要指出的是，这是我用来记忆的象征符号。你在使用旅程记忆法时，应当创建自己专属的象征符号。虽然如此，你应该能看出所列词语之间的联系[①]：

1. 比利时（Belgium）

2. 丹麦（Denmark）

3. 法国（France）

4. 德国（Germany）

5. 希腊（Greece）

6. 爱尔兰（Ireland）

7. 意大利（Italy）

8. 卢森堡（Luxembourg）

9. 荷兰（Netherlands）

10. 葡萄牙（Portugal）

---

① 作者通过英语谐音和各国的代表性符号进行记忆。

11. 西班牙（Spain）

12. 英国（United Kingdom）

如果你觉得这个练习很简单，那么无疑你可以进一步运用旅程记忆法了。实际上，使用该方法能记忆的知识量是无止境的，因为可用的存储空间，例如地理位置，基本上是无限的。我根据过去数年间收集和构想的旅程及路线数量，测算出了我的记忆存储容量。实际上，我脑海中有大约100趟旅程，每趟旅程都有52个站点。

因此，理论上，我有能力记住5,200张（100副）纸牌，或者5,200个名字、面孔、数字等其他任何东西。但这只是保守估计，因为每个站点能轻松容纳更多图像。请想想你自己构想的路线，如果将你在大学里的书桌用作旅程中的一个站点，想象一下大学校舍和校园里还有多少东西能用来辅助记忆。

这样看来，随着信息存储"单位"的不断增多，我最初估算的5,200其实更像50,000。不过，如果是准备考试，我不会动用这个存储空间去记忆数列、足球比分和比赛结果，而是让我的心理地图沉浸在历史事件、莎士比亚名言、外语单词、化学方程式、数学方程式、物理定律、经济统计学等学术知识里。

在后续章节，我将着重讲解让你也能获得这一记忆存储容量的技巧。

母盘和空白光盘

我会把我构想的心理旅程比作录像带，或是可重复写入的刻录DVD，因为它们具有相似特征。你可以购买一盘空白录像带或是一张光盘，录下纪录片、电影、体育比赛、电视喜剧和戏剧等节目，还能用它再次录下新的内容，制造商宣称它能够永无止境地重新录制。这确有可能，因为每当录下新内容，之前的内容就会被擦写覆盖。除非你多愁善感到无可救药，难以割舍旧的内容，否则这确实是非常方便的工具。不过，要想保存你最喜爱的电影，你可以移除录像带背面的塑料装置，或是"锁定"光盘，从而创建一个母盘。

我便是这样整理我的"心理光盘"的。我有大约100张储存心理旅程的光盘，其中有50张是空白光盘。我将它们用于尝试打破世界纪录、演讲、记忆比赛和日常生活，因为我记住的这种信息，比如一个1,000位的二进制数字，是不值得长久记忆的，所以我可以多次重复使用同样的旅程或是光盘，只需让记住的新信息覆盖旧信息即可。

剩下的50张母盘则被我用来记录排行榜首位的热门单曲、足球锦标赛冠军等以备将来参考的信息。

我时常会在脑海中播放或者回顾部分旧光盘来唤醒记忆，这通常发生在演讲之前。我也会随着事物的变化，不时更新其中的信息，将旅程延长，或是为现有站点增添更多图像。也许将这种机制比作电脑文档更好。我能轻松访问文档中存储的信息，更新其中的内容，然后保存以备后用。

古希腊和虚拟旅程

刚刚介绍的记忆技巧是我基于多年经验的试验产物。确切地说，是我反复试错的产物，我早期采用的一些方法常有失败。因为这套体系是我在经年累月间独自从零开发出来的，所以自认为是一套原创方法。的确，将我的方法与其他关于记忆的著作比较之后，我发现尽管很多书也鼓励运用联想，将数字转化为图像（参见第9章）以及发挥想象力，但几乎没有一本书谈及地理位置的使用。

我一直强调，熟悉的地点是将由记忆生成的所有图像（为唤醒记忆而构建的图像）牢牢锁定在脑海的关键，它们的作用如同三维档案系统，能让图像保持一定秩序。假如没有地点，图像便无处容身，仿佛孤魂野鬼般在空中游荡。我们难以获取飘浮在云雾之中的图像，它们很快就会从记忆中消散，而且容易同其他图像混淆，令运用技巧辅助记忆的意义尽失。

由来已久的技巧

我渴望成为增强记忆力的革命性新方法的开创者，然而，当我了解到古希腊人2,000多年前就已经发现这些方法之后，这种幻想便破灭了。对于古希腊人而言，记忆是一种艺术形式，而且他们精于此道。鉴于他们生活在书本尚未问世的时代，这一点不足为奇。虽然当时存在纸莎草纸这种低级形态的纸，蜡版也偶尔被用于记录重要内容，但古希腊的传统是真正意义上的口述传统。因此，拥有良好的记忆力至关重要——据我们所知，雅典的学生需要熟记荷马史诗《伊利亚特》和《奥德赛》（放到现代，这相当于背诵一本大约800页的书）。因此，如果一个人先天记忆力不佳，就有必要进行后天开发。

这种技巧被称为记忆的艺术。一位不知名的古罗马修辞学老师编撰了现存为数不多的古修辞学文献之一——《献给赫伦尼》

(*Ad Herennium*)。这是一篇关于记忆训练的有精确规则的论文，其中记录了源于古希腊的一项传统。

像我这样研习记忆的艺术仿佛是一种苦修，因此，当得知我不是唯一一个在由想象力构造的内心世界里遨游的人时，心里多少有些宽慰。这位不知名的老师说道：

> 如果渴望记住大量内容，我们必须构想出大量地点，这些地点必须形成一个系列，而且要按照顺序进行记忆。这样我们就能以系列中的任意相关点为起点，向前或是向后移动。

作者在此明确肯定了你在本书中刚刚学到的用于记忆一系列信息的旅程记忆法。

作者继续写道：

> 相关点即易于记忆的地点，比如房子、柱间空间、角落、拱廊等等。举例来说，如果我们想要记住马、狮子或是老鹰的属，就必须将它们的图像置于确切地点。

你可能会认为自己知道的地点数量不够多，难以用来储存所学课程中需记忆的所有信息。但是，想象力会确保你永远不会耗尽地点储备，正如这位作者所说：

> 即便是自认为储备的地点数量不足的人也能够弥补这一点，因为思想能够包容任何区域，令人沉浸其中并任意构建出一些场景。

换言之，倘若仔细想想，你会发现你能够在脑海中想象出无数地点来存放你的助记图像。古罗马人将虚构地点和真实地点恰当融合，以此提升记忆力。因此，假如你家中的房间数量不足以构想一条足够长的路线，你可以再想出一层楼，或是挖出一个地下室。一切皆有可能。

虚拟旅程

此时此刻，我恐怕必须承认，我热爱电脑游戏。除了通过解决游戏中设置的问题来愉悦身心，也能让人逃避现实，因为画面创造出的强大幻觉，足以让人认为自己"身处其中"。但玩游戏并不完全是虚度光阴，我的一些心理旅程就是基于部分电脑游戏虚拟世界中的地理位置。

令人意外的是，就存储信息而言，这些虚拟地点的效果似乎不输真实地点。所以，如果下次在本该学习的时候被抓到在玩电脑，你就有了一个正当的辩解理由，可以说你在攻读《哈姆雷特》。如果指责你的人不相信，请让他们读这一章！

第 9 章

数字的语言

> 假如你已经精通数字，那你看到的就不再仅仅是数字，正如阅读时看到的单词一样，你真正读到的将是含义。
>
> ——W. E. B. 杜博伊斯[①]

助记术

我之所以能够记住一长串随机数字、二进制数字或是数量众多的纸牌，是因为我过去几年一直在利用助记术完善技巧。那么，什么是助记术？

助记术指的是能够辅助记忆的任何方法。这个英文单词源自希腊神话中的记忆女神摩涅莫绪涅（Mnemosyne）。据称，她在与众神之王宙斯（Zeus）共度9个良宵之后，生下了9位缪斯女神（Muse）。助记术非常利于将看似难以理解的信息转化为容易理解的形式，从而让大脑领会信息并加以利用。

我将在本章揭示这一过程的确切机制。我希望你在学会这种

---

① W. E. B. 杜博伊斯（W. E. B. Du Bois, 1868—1963），美国社会学家、历史学家和民权活动家。

技巧之后，将它用于通过考试，而不是在牌桌上大杀四方！

记忆数字的难点

　　似乎无论学习哪个学科，数字都会在某个时刻以某种形式呈现在你面前，而你必须记住它们。倘若不再担心日期、方程、公式、求和以及经济统计，学习不就变得更加令人愉悦了吗？这些不时出现的数字仿佛要故意拖慢我们的速度，打击我们的学习势头。但如果没有数字，我们的生活将陷入混乱。我们每天都要和无处不在的数字打交道。信用卡、电话号码、煤气费、约会、公交时刻表、考试成绩……世间万物都需要被量化、计算、统计，因此计算能力非常重要。

　　记忆数字的难点在于，单独来看，每个数字似乎都没什么意义。13、10、79、82 这个数列很难记忆，但假如告诉你，它们代表的是资金数额，单位是千，而你将在今后 4 年陆续继承这笔钱，这些数字便会在突然间引起你的共鸣。数字难以记忆，是因为它们是没有个性、缺乏记忆点的无形之物。正因为具有这种抽象性，也难怪大多数人在接受测试时都无法回想起任何数列中 8 个或是 9 个以上的数字。

说到数字……

　　世界脑力锦标赛上最折磨人、最让人伤脑筋的比赛项目之一是听记数字。参赛者必须记住一长串随机数字，这些数字被以每秒一个的恒定速度口头报给他们听。之后，参赛者必须回忆并写下这些数字，在犯下第一个错误之前写出的数字数量即为参赛者的得分。换句话说便是"突然死亡法"。

几年之前，我的得分大概只有 7 分，这也基本上是这项测试的平均得分。但通过运用一套体系，我成功将分数提升至 128 分，而世界脑力锦标赛当前的世界纪录是 198 分！我之所以能达到 128 分的个人最佳成绩，是因为我将令人费解的数字世界变得容易理解。我所用的方法是赋予数字欠缺的东西——独特的个性。

对我来说，从 0 到 99，这 100 个数字中的每一个都代表一个人物，每个人物都在进行各自的独特活动。例如，我看到数字 15 就会想到爱因斯坦，而数字 48 代表英国赛车手达蒙·希尔。在我脑海里，数字 15 总是拿着粉笔在黑板上写写画画，而数字 48 当然总在开 F1 赛车。

为什么数字 15 代表爱因斯坦？

因为字母表中的第 1 个字母是 A，第 5 个字母是 E，即爱因斯坦全名 Albert Einstein 的首字母缩写。

将数字转化为字母，再将字母转化为人物的这个过程，是我独创的多米尼克体系（DOMINIC System）的核心。

DOMINIC 既可以代表：

1. 解密如何用助记术将数字转化为字母。（The Deciphering Of Mnemonically Interpreted Numbers Into Characters.）

也可以代表：

2. 解码如何让不连贯的乏味数字变得清晰明了。（The Decoding Of Mundane Incoherent Numbers Into Clarity.）

这个过程就如同学习一门新语言，不过，因为这门语言只有 100 个单词，所以无须太久即可精通。一旦熟练掌握这门语言，你很快就能看到它带来的众多实际优势。

在我详细介绍这门新语言之前,先来看几个易于掌握的基本体系。这些体系非常有助于记忆位置、数量和简表。

数字押韵法

数字押韵法是魔术师在记忆一组物品的顺序时常用的方法。这种基本方法虽然很简单,但适用于各种实践。

具体操作如下:首先,想出一个和数字押韵的单词。比方说,也许你会用"门"(door)这个单词与数字4(four)押韵。这样一来,对你来说门就会成为代表数字4的关键图像,你能够用它去联想所需记忆的任何列表中排在第4位的物品。

从一次又一次的观察来看,要想让这种体系充分发挥作用,需要由学生来确定自己专属的联想事物。我能做的只是解释一种体系的原理,介绍我认为最有效的运用方法。想象力的世界是独一无二的个人世界,因此运用你自己的想法才会产生最佳效果。

不过,如果你此刻缺乏创意,以下是能够用于数字押韵的一些建议:

1. One:枪(Gun)、小圆面包(Bun)
2. Two:鞋(Shoe)、厕所(Loo)
3. Three:树(Tree)、蜜蜂(Bee)
4. Four:门(Door)、锯子(Saw)
5. Five:蜂巢(Hive)、潜水(Dive)
6. Six:树枝(Sticks)、砖块(Bricks)

7. Seven：天堂（Heaven）、凯文（Kevin）

8. Eight：大门（Gate）、日期（Date）

9. Nine：酒（Wine）、符号（Sign）

10. Ten：笔（Pen）、巢穴（Den）

在确定好你专用的数字押韵体系之后，就可以开始运用它了。下面是一个帮你上手的简单练习：请按由近及远的执政顺序记住过去 10 位英国首相①。这很简单，你只需想象列表中的每位首相与各自的关键图像互动，正确顺序就会被牢牢锁定在你的脑海中。即便有些名字你从未听过，或者不知道他们的长相，也没有关系。关键在于，哪怕是最不可能知晓的信息，你也能为之创建一个图像，并将它与数字联系起来。

例如，为了记住约翰·梅杰（John Major），你可以想象一位少校（major）穿着亮闪闪的巨大**鞋子**（shoe）或是在**上厕所**（loo）！同样，对于列表上的其他人，你也只需利用他们的名字或是名字中的一部分来触发联想或者替代图像。例如，用防水雨衣（mackintosh）替代麦克米伦（Macmillan），用茅屋（thatched cottage）替代撒切尔夫人（Margaret Thatcher），或者用你家写着巨大的"AD"两个字母的大门替代亚历克·道格拉斯-霍姆（Alec Douglas-Home）。虽然哈罗德·威尔逊（Harold Wilson）两度担任首相，但你应该会发现，用两个疯狂场景将他与数字 5 和 7 联系起来并非难事。记住，要调动你的所有感官，同时为这些场景增添动作和夸张成分，充分发挥你的想象力。请你在 3 分钟

---

① 原书出版时仍是托尼·布莱尔执政时期。

内记住下面这个列表。

1. 托尼·布莱尔（Tony Blair）

2. 约翰·梅杰（John Major）

3. 撒切尔夫人（Margaret Thatcher）

4. 詹姆斯·卡拉汉（James Callaghan）

5. 哈罗德·威尔逊（Harold Wilson）

6. 爱德华·希思（Edward Heath）

7. 哈罗德·威尔逊（Harold Wilson）

8. 亚历克·道格拉斯-霍姆（Alec Douglas-Home）

9. 哈罗德·麦克米伦（Harold Macmillan）

10. 安东尼·艾登（Anthony Eden）

现在，请不要参考上面这个列表，在下方对应的序号旁边填上正确的首相名字。

7 _____

6 _____

3 _____

2 _____

8 _____

9 _____

1 _____

10 _____

5 _____

4 _____

运用这种体系不仅会获得实用效果，实际上，充分发挥想象力也是强化"记忆肌肉"的绝佳练习。你将发现，做这些练习的次数越多，练习难度就越低。如同身体的其他肌肉一样，用得越多，"记忆肌肉"就越强壮。

数形结合法

如果你像我一样，更倾向于用图像而不是用文字来思考，那么你也许会觉得以下这种方法更适合自己。

数形结合法是数字押韵法的一种替代方法，只不过这一次是根据数字形状来创建关键图像。例如，数字 7 会让你想到什么形状？悬崖边缘、路缘石还是回旋镖？数字 4 会让我想到帆船的形状，数字 2 则是天鹅。现在，请你列出与数字 1 到 10 相似的形状，假如你缺乏思路，以下是一些可供选择的形状：

1. 蜡烛、柱子
2. 天鹅、蛇
3. 手铐、嘴唇
4. 帆船、旗子
5. 窗帘挂钩、海马
6. 象鼻、木槌
7. 回旋镖、跳水板
8. 蛋形计时器、女模特
9. 拴着绳子的气球、单片眼镜

10. 滚铁环、劳莱和哈代[①]

数形结合法可以替代数字押韵法，或者两种方法相互配合，以此来记住各种各样的信息。刚才你已经用数字押韵法记住了英国历任首相的执政顺序，和数形结合法一样，它也可以用于记忆数量。

例如，为了提醒自己太阳系有九大行星[②]，你可以想象一个拴着绳子的巨大气球包裹着整个太阳系。一只美丽的白天鹅优雅地拍打着翅膀，永无休止地环绕火星轨道飞行。这幅超现实图像可以让你记住火星有几颗卫星——两颗。这种方法在记忆大量信息时极为有效，无论这些信息有多晦涩，或是细节有多琐碎。而且，因为想象出的图像过于诡异夸张，所以会在记忆中留下长久印象。这无疑是能够在考前突击复习时使用的一种宝贵工具。我曾运用这种方法记住了 7,500 多个《打破砂锅问到底》(*Trivial Pursuit*)[③] 游戏的答案。

这一次，请使用你自己的数形结合体系，将下列问题和对应的数字答案联系起来：

问题	答案
雪花有几个角？	6
牛有几个胃？	4
光谱中有几种颜色？	7

[①] 劳莱和哈代，20 世纪 20 年代美国著名喜剧双人组。
[②] 2006 年通过了正式的行星定义，排除了冥王星，认定太阳系拥有八大行星。
[③] 一种棋盘式问答游戏。

续表

问题	答案
沉没的泰坦尼克号有几个烟囱？	4
章鱼有几颗心脏？	3
蜜蜂有几个翅膀？	4
等腰三角形有几个等角？	2

在你想象出关键图像之后，请填写下列描述中缺少的数字：

蜜蜂有_____个翅膀。

雪花有_____个角。

光谱中有_____种颜色。

等腰三角形有_____个等角。

泰坦尼克号有_____个烟囱。

章鱼有_____颗心脏。

牛有_____个胃。

太阳系有_____大行星。

请你明天再考自己一次，一周之后再来一遍。如果你创建的心理图像具备足够的冲击力，你也许会发现你永远也忘不掉这些琐碎的事实了！

多米尼克体系

起初，我设计多米尼克体系是为了参加比赛，我希望掌握一种方法，能让我像看到图像一样一眼就认出某个数字。我心想，熟悉了一组特定数字之后，我就能像读懂一个由 100 个分散在单词中的字母构成的句子一样，读懂 100 位的数字。

我曾试图为所有 4 位数绘制一个集合图表——用灯台代表 8,047，或者用山羊代表 5,564，等等。但是，如果按照 4 位数格式从 0000 算起，一共有一万个 4 位数，也就是说，我可能永远没时间记住代表它们的所有物品。就算换成 3 位数，词汇量也无比巨大，但换成两位数还是能够操作的。

纸牌记忆练习让我意识到，最有效的关键图像是人物而不是物品，因为人物是灵活可变的，而且能够产生互动。灯台面对谩骂或是恭维都毫无反应，但人会，因此我用不同人物来代表每个两位数。

有些数字很容易就能转换成人物，比如你可以将 07 与饰演代号 007 的特工的演员詹姆斯·邦德（James Bond）联系到一起，或者用冰激凌小贩代表 99[①]。我会用希区柯克电影《三十九级台阶》中的记忆先生代表 39，用我的教父代表 57（因为我生于 1957 年）。只要仔细想想你就会发现，哪怕是非常微弱的联系，你也总是能从数字中联想出很多东西。

不过，对于那些无法立即产生联想的数字，你需要打造精神上的垫脚石，引导你想出关键的人物形象。一种比较简单的方法是用字母代表每一位数字（如下所示）。我在 84 至 93 页会详细介绍，只要将两个字母组合起来就能构成姓名缩写，进而对应所联想的人物。

[①] 99 巧克力棒（99 Flake）是英国吉百利巧克力工厂出品的一种冰激凌，在英国非常流行。

多米尼克体系所用的字母

现在，你需要创建一个自己能够看懂的体系，并且将它牢记。我会使用下列基本字母表：

1=A

2=B

3=C

4=D

5=E

6=S（因为six的首字母是S）

7=G

8=H

9=N（因为nine的首字母是N）

0=O（因为形状相似）

这些字母是促使你将数字转化为相应图像的关键，因此你可以随意创建个人专属的字母表。

熟记字母表之后，你就能开始组合字母，构成各类人物的首字母缩写了。你构想出的这些人物应当来源广泛，包含朋友、敌人、亲属、歌手、喜剧演员、名流、卡通人物和历史名人等等。你未必能为每个人物构想出栩栩如生的心理图像，但对构想出与人物的身体特征和个性行为有关的模糊印象大有帮助。我发现，能够在我的记忆中留下深刻印象的并非一个人的外表，而是他的鲜明个性。

打造你的"演员表"

如果你无法为 48 找到直接对应的替代人物，你可以用相应的字母 DH 组成姓名首字母缩写：这个名字可以是达蒙·希尔（Damon Hill）、黛比·哈利（Debbie Harry）或是达丽尔·汉纳（Daryl Hannah）。同样，16 变成了可以代表阿诺德·施瓦辛格（Arnold Schwarzenegger）的 AS。

当然，这些字母不一定必须是人物的姓名缩写。假如 NO（90）让你想到你父亲，因为他总跟你说"不"（no），或者 CD（34）让你想到你姐姐，因为她总在听 CD，那就把他们当作这些数字的关键图像。

以下是帮助你打造这支记忆辅助大军的一些指南：

1. 按照两位数格式从 00 到 99 列出 100 个数字，然后对照数字填入你立即联想到的所有人物；

2. 如果你已经耗尽思路，请将数字转换为字母，看看能对应哪个人物的姓名首字母；

3. 尝试让你这支人物大军的构成尽可能丰富多样，因为你必须能够区分每个人物的特征，试着保持列表中只出现一位足球运动员、一位吉他手或是一位高尔夫球手，以此类推；

4. 每个人物都要有相应的道具或是动作。在我的列表里，代表 53 的吉他大师埃里克·克拉普顿（Eric Clapton）总在弹着自带的吉他，代表 24 的民谣大师鲍勃·迪伦（Bob Dylan）则总在吹口琴。独有的特征不仅能加深你对这些人物的记忆，稍后你还将发现，你可以在记忆更长的数字时交换人物和动作；

5. 假如你的目标是每天记住 20 个人物，那么 5 个工作日之

后,到周末你就能学会一门新语言了;

6. 请你熟记这个列表。无论是坐公交、洗澡,还是马上就要睡觉的时候,只要一觉得无聊就可以考考自己,看看有没有记住这些人物。这可是数羊催眠法的绝好替代品!

正如我一直以来强调的那样,虽然你自己联想出的事物最为难忘,下面这张我使用的"演员表"以及他们对应的动作,也许能在你思路匮乏时帮你弥补空白。在本书余下部分,我会将下列人物用于举例:

00　OO　奥利弗·奥尔(Olive Oyl,动画片《大力水手》中男主角的女友)吃菠菜

01　OA　奥西·阿迪莱斯(Ossie Ardiles,阿根廷足球运动员)踢足球

02　OB　奥兰多·布鲁姆(Orlando Bloom,在电影《指环王》中扮演以弓箭为武器的精灵王子)射箭

03　OC　奥利弗·克伦威尔(Oliver Cromwell,处死英国国王查理一世的历史人物)给步枪上膛

04　OD　奥托·迪克斯(Otto Dix,德国画家)画画

05　OE　老伊顿人(Old Etonian)戴硬草帽(伊顿公学的学生会戴硬草帽)

06　OS　奥马尔·沙里夫(Omar Sharif,埃及演员,西洋双陆棋高手)玩西洋双陆棋

07　OG　街头手风琴师(Organ Grinder)举着猴子(街头艺人表演的一种形式)

08　OH　奥利弗·哈迪（Oliver Hardy，美国喜剧演员）戴着圆顶礼帽（出自其有名的银幕形象）

09　ON　撒旦（Old Nick）下地狱

10　AO　安妮·奥克利（Annie Oakley，19世纪的著名女神枪手）开枪

11　AA　安德烈·阿加西（Andre Agassi，美国著名网球运动员）打网球

12　AB　安妮·博林（Anne Boleyn，英格兰王后）被斩首

13　AC　阿尔·卡彭（Al Capone，20世纪美国芝加哥黑手党头目）抽雪茄

14　AD　小扒手道奇（The Artful Dodger，《雾都孤儿》中的人物形象）扒窃

15　AE　阿尔伯特·爱因斯坦（Albert Einstein）用粉笔在黑板上写字（出自他的著名照片）

16　AS　阿诺德·施瓦辛格（Arnold Schwarzenegger，世界级健美比赛冠军）展示肌肉

17　AG　亚历克·吉尼斯（Alec Guinness）喝吉尼斯啤酒（Guinness）（两个同音词）

18　AH　阿道夫·希特勒（Adolf Hitler）走正步（纳粹德国元首的形象）

19　AN　阿尔弗雷德·诺贝尔（Alfred Nobel，诺贝尔奖创始人）颁奖

20　BO　比尔·奥迪（Bill Oddie，英国鸟类研究专家）拿着望远镜

21　BA　本·阿弗莱克（Ben Affleck）亲吻詹妮弗·洛佩兹

（Jennifer Lopez）（美国演员，两人曾为情侣）

22　BB　兔八哥（Bugs Bunny，著名卡通形象）吃胡萝卜

23　BC　比尔·克林顿（Bill Clinton，美国第42任总统）挥舞美国国旗

24　BD　鲍勃·迪伦（Bob Dylan，美国著名民谣歌手）吹口琴

25　BE　布赖恩·爱泼斯坦（Brian Epstein，发掘披头士乐队的传奇经纪人）播放唱片

26　BS　布兰妮·斯皮尔斯（Britney Spears，美国歌手）与蛇共舞（该形象出自其舞台表演）

27　BG　鲍勃·格尔多夫（Bob Geldof，美国著名歌手）被授予爵位

28　BH　本尼·希尔（Benny Hill，英国著名喜剧演员）驾驶送奶车（出自其代表形象）

29　BN　巴里·诺曼（Barry Norman，英国电视评论家）看电影

30　CO　克里斯·奥唐纳（Chris O'Donnell，美国演员，曾扮演蝙蝠侠的副手）帮助蝙蝠侠

31　CA　霹雳娇娃（Charlie's Angels）甩头发（电影《霹雳娇娃》中的经典画面）

32　CB　查克·贝里（Chuck Berry，美国著名摇滚乐手）走鸭子步（他的标志性动作）

33　CC　查理·卓别林（Charlie Chaplin）手持弯头手杖（他的经典银幕形象）

34　CD　查尔斯·达尔文（Charles Darwin，提出生物进化

论的英国生物学家）抓蝴蝶

35　CE　克林特·伊斯特伍德（Clint Eastwood，美国演员，曾在电影中扮演西部牛仔）套索

36　CS　克劳迪娅·希弗（Claudia Schiffer，德国超模）大走猫步

37　CG　切·格瓦拉（Che Guevara，古巴革命领袖）拿着机关枪

38　CH　查尔顿·赫斯顿（Charlton Heston，美国演员）驾驶马车（出自他主演的电影《宾虚》中的形象）

39　CN　查克·诺里斯（Chuck Norris，美国演员，空手道世界冠军）空手道踢腿

40　DO　多米尼克·奥布赖恩（Dominic O'Brien，作者本人）背诵数字

41　DA　大卫·爱登堡（David Attenborough，世界自然纪录片之父）在树丛中爬行

42　DB　大卫·鲍伊（David Bowie，英国摇滚歌手）化妆（源于他的经典妆容造型）

43　DC　丹尼尔·克雷格（Daniel Craig，英国演员）玩纸牌（出自他主演的"007"系列电影中的桥段）

44　DD　唐老鸭（Donald Duck）嘎嘎叫

45　DE　艾灵顿公爵（Duke Ellington，美国著名作曲家、钢琴家）弹钢琴

46　DS　迪莉娅·史密斯（Delia Smith，英国现代女厨师、电视烹饪节目主持人）烤蛋糕

47　DG　大卫·高尔（David Gower，英国板球运动员）挥

舞板球棒

48 DH 达蒙·希尔（Damon Hill，英国职业赛车手，世界一级方程式锦标赛冠军）开赛车

49 DN 大卫·尼文（David Niven，英国演员）穿着无尾礼服（出自他的银幕形象）

50 EO 屹耳（Eeyore）咀嚼荆棘（《小熊维尼》中的卡通形象）

51 EA 奥古斯都大帝（Emperor Augustus）身着托加长袍（古罗马男子服饰）

52 EB 伊妮德·布莱顿（Enid Blyton，英国著名儿童文学作家）写书

53 EC 埃里克·克莱普顿（Eric Clapton，英国著名摇滚乐手）弹吉他

54 ED 伊丽莎·杜利特尔（Eliza Doolittle，萧伯纳戏剧作品《卖花女》中的主人公）卖花

55 EE 埃德娜·埃弗拉格（Edna Everage，澳大利亚喜剧演员巴里·汉弗莱斯创造并表演的一个角色）挥舞着剑兰

56 ES 埃比尼泽·斯克鲁奇（Ebenezer Scrooge，狄更斯小说《圣诞颂歌》中的人物）数钱

57 EG 爱德华·格里格（Edvard Grieg，挪威作曲家）指挥管弦乐队

58 EH 埃德蒙·希拉里（Edmund Hillary，登顶珠峰的探险家）站在珠峰之巅

59 EN 尼禄大帝（Emperor Nero）拉小提琴（罗马被烧毁时尼禄在拉小提琴）

60　SO　斯嘉丽·奥哈拉（Scarlett O'Hara,《飘》的女主角）昏倒

61　SA　萨尔瓦多·阿连德（Salvador Allende，智利前总统）吃辣椒［"辣椒"（chilli）与"智利"（Chile）发音相似］

62　SB　睡美人（Sleeping Beauty）睡觉

63　SC　肖恩·康纳利（Sean Connery，英国演员，曾主演"007"系列电影）举枪

64　SD　萨尔瓦多·达利（Salvador Dali，西班牙画家）留着大胡子

65　SE　休·埃伦（Sue Ellen，美剧《达拉斯》中的女主角之一）喝伏特加

66　SS　史蒂文·斯皮尔伯格（Steven Spielberg）和 E.T. 一起伸出手指［美国导演执导电影《外星人》（E.T.）中的场景］

67　SG　辣妹组合（The Spice Girls，英国女子演唱组合）吃咖喱

68　SH　萨达姆·侯赛因（Saddam Hussein，伊拉克第5任总统）与燃烧的油井（伊拉克石油储量丰富）

69　SN　萨姆·尼尔（Sam Neill，英国演员）狂奔躲避恐龙（曾出演电影《侏罗纪公园》）

70　GO　乔治·奥威尔（George Orwell，英国作家）赶走老鼠（出自他的著作《一九八四》）

71　GA　乔治·阿玛尼（Georgio Armani，意大利著名时尚设计师）裁剪服装

72　GB　乔治·布什（George Bush，美国第41任总统）点燃树丛（bush）（"树丛"与"布什"的发音相同）

73　GC　乔治·克鲁尼（George Clooney，美国演员）戴着听诊器（出自他主演的电视剧《急诊室的故事》）

74　GD　热拉尔·德帕迪约（Gérard Depardieu，法国演员）挥剑（出自他主演的电影《大鼻子情圣》）

75　GE　乔治·艾略特（George Eliot，英国小说家）写小说

76　GS　吉尔伯特与沙利文（Gilbert & Sullivan，英国剧作家与作曲家，创作歌剧的搭档）表演歌剧

77　GG　杰梅茵·格里尔（Germaine Greer，澳大利亚著名女权主义作家）点燃胸罩

78　GH　乔治·哈里森（George Harrison，信仰印度教的披头士乐队主音吉他手）冥想

79　GN　格雷格·诺曼（Greg Norman，澳大利亚著名高尔夫球手）打高尔夫球

80　HO　黑兹尔·奥康纳（Hazel O'Connor，英国女歌手）与破碎的玻璃（曾出演电影《破碎的玻璃》）

81　HA　哈罗德·艾布拉姆斯（Harold Abrams，英国田径运动员）奔跑

82　HB　亨弗莱·鲍嘉（Humphrey Bogart，美国演员）穿风衣戴帽子（出自他的经典银幕形象）

83　HC　亨利·库珀（Henry Cooper，英国拳击运动员）打拳击

84　HD　矮胖子（Humpty Dumpty）从墙上掉下来（出自图书《鹅妈妈童谣》）

85　HE　哈里·恩菲尔德（Harry Enfield，英国演员）打电话

86　HS　霍默·辛普森（Homer Simpson）吃甜甜圈（出自

美国电视动画《辛普森一家》）

87　HG　休·格兰特（Hugh Grant，英国演员）结婚（出自他主演的电影《四个婚礼和一个葬礼》）

88　HH　霍克·霍根（Hulk Hogan，美国职业摔跤手）摔跤

89　HN　霍拉肖·纳尔逊（Horatio Nelson，英国著名海军将领）掌舵

90　NO　尼克·欧文（Nick Owen，英国电视节目主持人）坐在沙发上

91　NA　尼尔·阿姆斯特朗（Neil Armstrong，第一个登上月球的宇航员）身着宇航服

92　NB　诺曼·贝茨（Norman Bates，英国导演希区柯克电影《惊魂记》中的人物）洗澡

93　NC　娜奥米·坎贝尔（Naomi Campbell，英国超模）跌倒（源自她的一次走秀事故）

94　ND　尼尔·戴蒙德（Neil Diamond，美国摇滚歌手）坐在岩石上

95　NE　诺埃尔·埃德蒙兹（Noel Edmonds，英国电视节目主持人）打开盒子

96　NS　南希·西纳特拉（Nancy Sinatra）和弗兰克·西纳特拉（Frank Sinatra）二重唱（美国歌手，二人为父女）

97　NG　诺埃尔·加拉格尔（Noel Gallagher，英国摇滚歌手）对着麦克风唱歌

98　NH　纳赛尔·侯赛因（Nasser Hussein，英国板球运动员）扔板球

99　NN　尼克·诺特（Nick Nolte，美国演员）打扮成流浪

汉（出自他的经典银幕形象）

要记住，自己想出的各种点子更适合记忆。此外，这些字母只是弥合无形数字和有形图像的媒介。由于你的大脑正在学习一项新技能，所以这个转换过程最初会有些慢，需要沿着思路一步一步完成转换。

● **初期学习步骤**

数字→字母→首字母缩写→名字→人物→图像

不过，只需稍加练习，你很快就能跳过这些步骤，看到数字时脑海中会自动浮现出对应人物。

● **反射步骤**

数字→图像

受过训练的钢琴家在演奏乐曲时，无须将音符转换成字母，便能知道音符在琴键上的位置，因为足够的练习已经让手指本能地知道该按下哪个琴键。只要做了足够多的练习，你在运用多米尼克体系时同样能做到这一点。

如何使用这门新语言

现在，你已经知道怎样运用数字押韵法和数形结合法记忆一位或两位数字了。如果把这些方法与多米尼克体系相结合，你将拥有能够处理任何数字组合的多面武器，无论这个数字有多长。

三位数

要想记住一个三位数，你可以将这个数字拆分成一个两位数和一个一位数。例如，236 可被拆分成 23 和 6，运用多米尼克体系和数形结合法，你会得出比尔·克林顿（BC=23）骑着大象（数字 6 对应的形状）的图像。再例如，433 可被拆分成 43 和 3，所得图像便是戴着手铐（数字 3 对应的形状）的丹尼尔·克雷格（DC=43）。我会将通过两种关键图像结合到一起的产物称作**复合图像**。

四位数

我之前提到，让每个人物拥有独特动作或道具非常重要，因为这些是可以互换的。

我们以 1,846 为例。这个数字可被拆分成 18 和 46，对照列表能得出两个人物：阿道夫·希特勒（AH=18），厨艺大师迪莉娅·史密斯（DS=46）。但这次，我们让阿道夫·希特勒来做迪莉娅·史密斯的动作，也就是说，要想记住 1,846，你可以构想出一幅不可思议的图像：希特勒正在烤蛋糕。

18
阿道夫·希特勒
（人物）

46
烤蛋糕
（动作）

如果交换两个数字的顺序，构成 4,618 呢？你需要做的只是调转这个过程：你可以想象迪莉娅·史密斯在走正步！这时希特勒的个人形象已经不重要了，只需保留他的标志性动作即可。

46
迪莉娅·史密斯
（人物）

18
走正步
（动作）

五位及以上数字

如你所见，成对的数字如同心理依赖一般彼此相互联系，因此，要想记住更长的数字，你需要继续添加更多心理依赖，形成一个心理链条。

一般来说，我会从左到右将一个数字切割成几对人物—动作、人物—动作组合，以此类推，如果还剩下一个一位数字，就采用数形结合法。以 35,774 为例，首先将它拆分成 35、77 和 4，然后将这些数字转化为人物和动作，再运用数形结合法。使用我的这份"演员表"，你会得出克林特·伊斯特伍德在一艘帆船上点燃胸罩的荒谬复合图像。

35
克林特·伊斯特伍德
（人物）

77
点燃胸罩
（动作）

4
帆船
（数形结合法）

再次，虽然代表 77 的关键人物是女权主义作家杰梅茵·格里尔（GG=77），但我们只取她的关联动作"点燃胸罩"。同时要记住，动作总是发生在通过数形结合法联想到的物品之内或是附近，在这个例子中便是一艘帆船。

如果要记忆六位数，你可以想象一个人物在对另一个人物施加某个动作，或是两人一道完成某个动作，这可能会造就非常有趣的场面。例如，724,268 得出的复合图像是小布什在给萨达姆·侯赛因化妆，159,267 得出的复合图像是爱因斯坦和辣妹组合一起洗澡。不过我最喜欢 408,836，因为它能得出我，多米尼克·奥布赖恩，正在和超模克劳迪娅·希弗摔跤。

40	88	36
多米尼克·奥布赖恩	摔跤	克劳迪娅·希弗
（人物）	（动作）	（人物）

我相信，在运用这套体系之后不久，你也会找出你最喜欢的数字。

小结

- 记忆数字的最佳方法是通过人为赋予数字含义、个性和一系列特征来让它们焕发生机。
- 多米尼克体系如同一本字典，将晦涩难懂的数字翻译成更有意义且令人难忘的图像。
- 从 00 到 99，列出你自己的"演员表"，逐步向列表中填入由特定数字联想到的人物姓名，并且一定要突出每个人物的独特动作。

- 这门语言简单有趣，能够迅速上手。你不必为了领悟某些术语而前往国外，因为数字随处可见，而且你每天都要和它们打交道，所以有充足的机会练习，来掌握这门语言。
- 流利掌握这门语言无须太久，之后你就能怀着一定热情开始攻克大量数字信息。就像法语学习者迫不及待地想去巴黎的咖啡馆练练他们掌握的新语言一样，你也会乐于学习历史事件的日期和各种数据。这些知识曾经让你哈欠连天，拖慢你的学习速度，但很快它们就将变得引人入胜。

第 10 章

永远别忘记引用

> *最好的书是读者认为自己也能写出来的书。*
>
> ——布莱士·帕斯卡[1]

做好准备

如果你在学习英国文学,或是在接受戏剧艺术训练,本章就是为你量身定做的。学习英国文学时可能会遇到三种类型的考试:开卷考试、突击考试和闭卷考试。开卷考试允许你携带文本资料,你可以参考自己手写的注释。对于这类考试,你必须对文章及其上下文有全面的了解,因为考查的是你对文章的理解、分析以及评论能力。

如果文学考试的类型是突击考试,则涉及你毫无准备的文章,虽然你要依靠自己掌握的文学技巧来分析这篇文章,但至少它就在你面前——不必担心会忘记人物姓名或是关键主题,又或是它

---

[1] 布莱士·帕斯卡(Blaise Pascal,1623—1662),法国数学家、物理学家、哲学家和散文大师。

们之间的联系。

然而，如果是闭卷考试，你将失去亲眼看到任何文章的奢侈机会。因此，你必须能够凭借记忆简短地引用文献，同时也要证明你对这篇文章本身有着清晰的认识。虽然考官不会指望你引用长篇大论，但引用脑海中牢记的重要诗句、散文段落和戏剧演讲，能让你有把握地迅速支持自己的观点，同时展现你的技巧——这会给考官留下非常深刻的印象。

我将在本章概述掌握如何引用的简单方法，这和古希腊人、古罗马人曾经使用的一种非常成功的方法类似，现在有些演员也采用这种方法，它能显著缩短用在死记硬背上的时间，让你有更多时间去理解文章含义。如果你在学习戏剧研究或是表演艺术，你会发现这种方法对于背台词和考试具有不可估量的价值。

记忆诗句、散文和戏剧台词本该是一种享受，而不是苦差。磨灭这种乐趣的不光是无止境地重复一句台词，这些词句也会融合成一种节奏可被预测的乏味歌曲，让它的意义和吸引力消失不见。这就是为什么我不愿过多播放我最喜爱的一些CD，因为我不希望破坏它们的吸引力。

若能根据图像记忆词汇，而不是仅凭嘴巴制造出的声音，那么你将对所学文章有更丰富的体会，能够更长久地记住它，对其意义也会有更深刻的理解。

在第11章，我将介绍如何通过想象在熟悉的小镇或村庄放置关键图像，来学习基本外语词汇。在记忆文章引用时也会采取类似方法，你不会感到惊讶。这种方法一如既往地包含三个不可分割的基本要素：想象力、联想和位置。

记忆简短的引用

要想牢记简短的引用或是一首诗中的多行诗句,以便考试时使用,可以采用多种方法,最佳方法是在脑海中将它们全部"储藏"在某个特定建筑或是隔离区域中。你将在第 11 章运用同样的方法,在脑海中将外语词汇储藏在城镇的特定地区,在第 13 章用它将化学元素储藏在你就读的学校或是大学周围。既然引用涉及书面文字,那么你可以将它储藏在当地的图书馆或是书店里。在某些情况下,与建筑中的一个物品、一件家具或是一种特征存在关联的一幅图像足以触发记忆,让你回想起整段引用。

那么,你会用什么关键图像让自己回想起莎士比亚《第十二夜》[①] 的开场白呢?

假如音乐是爱情的食粮,那么奏下去吧……

我的关键图像是一把用巧克力做的心形吉他,它放置在我所处的当地书店的入口,传出的美妙乐声诱惑着路人进入书店。

……死了,睡着了。
睡着了也许还会做梦。嗯,阻碍就在这儿……

你要如何记忆《哈姆雷特》第三幕第一场中这一行半的著名台词呢?

我会把收银台附近的区域想象成舞台,大幕升起,霹雳娇娃

[①] 本书中引用的莎士比亚戏剧,译文均引用自朱生豪译本,译林出版社出版。

（CA=31）抹着眼泪登场，她们在为一个看似睡着了的死去的男子悲痛不已。请注意，这次我将"第三幕"和"第一场"相结合，转化为数字31。你需要决定如何最好地运用我介绍的体系，将数字转化为图像（参见第9章），然后将转化出的图像与需要记忆的信息结合起来。

现在，请尝试通过将之转化成对你来说最直接的象征图像，记忆下列简短引用和文学段落。如往常一样，尽可能调动以下所有方面，构建内容更丰富的图像：所有感官（触觉、味觉、视觉、嗅觉和听觉）、动作、情感、性征、色彩、联想、替换、夸张、幽默、象征以及最为重要的想象力。别忘了将这些图像储藏在某处，搭建为舞台背景。你可以将不同作者的引用储藏在不同位置，以应对一场考试。

一个影子和一声叹息悄悄掠过丛林——他是恐惧，哦，小猎人，他是恐惧！

——拉迪亚德·吉卜林[①]（1865—1936），《小猎人之歌》

教育的根是苦涩的，但其果实是香甜的。

——亚里士多德（公元前384—前322）

老虎！老虎！如同煌煌火光
在黑夜的森林里，
是怎样的神手或天眼

[①] 拉迪亚德·吉卜林，生于印度的英国小说家及诗人，诺贝尔文学奖获得者。

造就出这番威武堂堂?

——威廉·布莱克[①]（1757—1827），《天真与经验之歌》

我们独自度过宁静的一天，他那颗被剥夺权利的小心脏停止了跳动。

——亨利·詹姆斯[②]（1843—1916），《螺丝在拧紧》

这儿还是有一股血腥气；所有阿拉伯的香料都不能叫这只小手变得香一点。

——威廉·莎士比亚（1564—1616），《麦克白》第五幕第一场

记忆长篇演讲

戏剧中有些演讲对于理解戏剧主题、人物角色和剧情非常重要，值得通篇背诵。在此，我将以莎士比亚《哈姆雷特》中的选段为例，这是一位很难将它记住的学生提供给我的。

第一幕第二场

啊，但愿这一个太坚实的肉体会融解、
消散，化成一堆露水！   第130行
或者那永生的真神未曾制定
禁止自杀的律法！上帝啊！上帝啊！
人世间的一切在我看来
是多么可厌、陈腐、乏味而无聊！

[①] 威廉·布莱克，英国诗人、画家，浪漫主义文学代表人物之一。
[②] 亨利·詹姆斯，美国小说家、剧作家，心理分析小说的开创者。

哼！哼！那是一个荒芜不治的花园，
长满了恶毒的莠草。
想不到居然会有这种事情！
刚死了两个月！不，两个月还不满！
这样好的一个国王，比起当前这个来，
简直是天神和丑怪；这样爱我的母亲，　　　　第 140 行
甚至于不愿让天风吹痛了她的脸。
天地呀！我必须记着吗？
嘿，她会依偎在他的身旁，
好像吃了美味的食物，格外促进了食欲一般；
可是，只有一个月的时间，
我不能再想下去了！脆弱啊，你的名字就是女人！
短短的一个月以前，她哭得像个泪人儿似的，
送我那可怜的父亲下葬；
她在送葬的时候所穿的鞋子还没有破旧，她就，她就——
上帝啊！一头没有理性的畜生　　　　第 150 行
也要悲伤得长久一些——她就嫁给我的叔父，
我的父亲的弟弟，可是他一点不像我的父亲，
正像我一点不像赫拉克勒斯一样。
只有一个月的时间，
她那流着虚伪之泪的眼睛还没有消去红肿，
她就嫁了人了。啊，罪恶的匆促，
这样迫不及待地钻进了乱伦的衾被！
那不是好事，也不会有好结果；
可是碎了吧，我的心，因为我必须噤住我的嘴！第 159 行

这段独白一共有 31 行，因此，假如你希望牢记它以应对考试或是用于表演，最佳方法便是踏上一条包含 31 个站点的心理旅程。如果是学习外语词汇，因为每个单词是随机出现的，所以需要在脑海中把关键图像放置在城镇周围的多个位置。但因为上述台词有固定顺序，所以你的旅程必须包含维持这些词句原有顺序的逻辑顺序。

我在记忆诗句的时候发现，位于开阔空间的位置最有助于记忆，因为每一行诗都包含数个单词，所以你需要足够大的空间，将构建旅程中每个站点的关键图像铺开。如果想象一座城市或是建筑物密集的地区，或许会过于拥挤，过多的干扰物会让这些图像变得模糊混乱。我们在第 8 章探讨的《献给赫伦尼》（参见第69~70 页）的佚名作者建议：

> 最好将记忆相关点设置在荒僻的地方，因为来来往往的人群会削弱印象。

如果你像我一样也打高尔夫球，那么当地的高尔夫球场就是一个绝佳位置，球洞的顺序自然地形成了一趟旅程，球座、球道和绿地便是循序渐进的站点。或者你也可以用一条儿时熟知或现在定期徒步的最喜欢的路线，最好是乡间徒步路线。当你漫步在这条记忆小路上时，请留心沿路的有趣风景和重要地标，一边走一边计数。等到你能在旅程中数出 31 个站点并且倒背如流，你就准备好记忆这一整段独白了。

假设你已经很熟悉这出戏，甚至能够背诵其中一些台词，而问题是，你难以将这些台词串在一起，因为你总是忘记台词顺序，或是遇到什么心理障碍，这是一些初出茅庐的演员的通病。在这种情况下，你需要一个象征性提示，以促使自己回忆起每句台词。

众所周知，父亲惨遭谋杀，邪恶叔父迎娶母亲，令哈姆雷特此时心烦意乱，以至于试图自杀。我们先暂时把这些搁在一旁，集中精力寻找头几句台词的关键象征。

● 第1站[①]

"啊，但愿这一个太坚实的肉体会融解"（O that this too too solid flesh would melt）

这种方法的要点是将每一句的第一个词转化为关键的象征图像，然后在脑海中将它"放置"在旅程沿路的站点里。请想象你正站在这条徒步路线的起点，面前立着一个巨大的圆环或者铁环，因为这会让人想起这句话的第一个词"啊"（O）。要想让自己想起这句台词，你可以选择一个最能代表它的恰当的关键图像——对于这句台词而言，就是"融解的肉体"（melting flesh）。

我的起始位置是东赫特福德郡高尔夫球俱乐部的第一个球座，我想象自己正从那里走过一个高高的火圈，而我的右脚陷进因为高温而融化的一堆腐肉里。这个病态又可怕的场景总会让我想起这句开场白。

● 第2站

"消散，化成一堆露水！"（Thaw, and resolve itself into a dew!）

到了第2站，你从"消散"（thaw）这个词联想出的任何词

[①] 作者的举例涉及英语谐音和语法结构，故标注相应的英语原文。

汇都可以成为这句台词的提示，比如"雪"（snow）或者"打雷"（thunder）。我会想象北欧神话中的雷神托尔（Thor）站在第一条高尔夫球道上，拿着一杯溶解牌（Resolve）地毯清洁剂，鼻尖挂着一滴巨大的露珠（dewdrop）。

● 第 3 站

"或者那永生的真神未曾制定"（Or that the Everlasting had not fixed）

接着我们来到第 3 站，用更多象征符号突出第一个词"或者"（or）。我会想象看到绿地上的球洞里伸出一支船桨（oar），我的朋友伊芙（Eve）在旁边修着什么东西。

● 第 4 站

"禁止自杀的律法！上帝啊！上帝啊！"（His canon' gainst self-slaughter! O God! O God!）

虽然这句台词和上帝的律法（canon）有关，但在这里更容易想象的是一门会自爆的大炮（cannon）。你自以为看到两位神明在观赏爆炸，还是说你在饱受复视的折磨？这个场景无疑发生在你旅程的第 4 站。

为了记住整句台词，只有你能决定需要为旅程中的每个站点构想多少关键图像。如果是从头开始记忆一段台词，你甚至需要为每一个词想出一个助记图像。

● 第 5 站

"是多么可厌、陈腐、乏味而无聊！"（How weary, stale, flat, and unprofitable）

稍加练习，你就能够通过每个词联想出相应词汇。以下是我使用的词汇，你的想法也许会有不同：

多么（How）	阿帕奇·印第安人（Apache Indian）
可厌（weary，与 wear 即穿戴的发音相近）	衣架（clothes rack）
陈腐（stale）	放馊的卷边面包（bread with curled edge）
乏味（flat，也可指平坦的）	水平仪（spirit level）
而（and）	安德鲁（Andrew）
无聊（unprofitable）	桌子下的教授（professor under the table）

我说过，最好选择开阔的空间，让你有足够空间铺展关键图像，现在你就能看出这么做的原因了。将所有文字转化成图像之后，你可以使用关联法将它们联系到一起，然后牢牢固定在特定站点上。

但这么做真的有效吗？有，而且理由很充分。你会发现，你创造的这些图像非常有冲击力，令人难忘，所以你将：

1. 在学习过程中持续不断地记忆这段台词，无须像通过口头重复来记忆那样，频繁地重读已经读过的地方；
2. 相比于仅靠韵律记忆词汇，这种方法创造的图像和相应词汇在记忆中停留的时间更长。

这段心理旅程能确保你始终走在正确轨道上，沿路的每个站点令你不可能跳过某个段落，漏下一句台词，或是弄混顺序。

关键图像能够起到引导绳或者垫脚石的作用，让你能够逐字逐句地顺畅记忆。正如古罗马演说家西塞罗（Cicero）所说：

> 对我们而言，词汇记忆是必不可少的，大量各式各样的图像会赋予记忆独特性，其中很多词连接了上一句话的末尾……为此我们必须构建能够持续使用的图像模型。演说家的特性就是记忆事物，我们能够通过巧妙安排代表事物的一些面具而将它们铭刻在心，因此我们必须依靠**图像**来掌握观点，凭借**位置**来记忆它们的**顺序**。
>
> ——西塞罗，《论演说家》（粗体字为本书作者所注）

一旦你完全熟悉了这段台词，助记符号就会像三维提词板一样，让你免受心理障碍之困。这些图像会竖立在你的脑海中，防止你出现"记忆干涸"。

一段时间之后，在节奏和韵律的引导之下，你自然会拥有口头复述这段演讲的强大能力。虽然逐行背诵是最简单的记忆方法，但这样做必然会人为地破坏整体感。不过，不出一段时间，你就能自然流畅地背出这段演讲，甚至不会注意到用来辅助记忆的心理旅程。你已经处于"自动驾驶"状态，演讲的意义将开始浮现，而不仅仅是词汇。无论如何，如果"自动驾驶"在某个时刻未能发挥作用，你总能在脑海中看到这些词句并随时接手，填补言语上的所有空白，让自己保持全速前进。

我的台词是什么

如果你是一位演员，那么上述方法对你而言尤为有益。因为你扮演的角色的所有台词都能在你脑海中铺展开来，使你知道其他演员和你之间到底有多长的台词间隔。这让你有时间做登场准备，同时还能与其他演员完美同步，仿佛你一直随身携带着真实的剧本一般。

你也可以通过简单的计算来确定一句台词的具体位置。如果在心理旅程中每隔 5 个或者 10 个站点的地方做上记号，你便能迅速找出特定台词的确切行数。我通常会在旅程的第 11 站装一段陡峭的楼梯，在第 21 站装一个门。例如，要想弄清楚第 22 行台词是什么，你可以想象心理旅程的第 20 站，然后往前走两站；要想立刻想起第 29 行台词，你可以从第 30 站往回走一站。

我们刚才研究的《哈姆雷特》中的这段独白是从第 129 行开始的。你可以用多米尼克体系做个标记来记住这一点。我把台词行数拆分成 12 和 9，得出的复合图像是安妮·博林（AB=12）拿着一个拴着绳子的气球（数形结合法对 9 的联想）。现在，如果你将这幅图像与心理旅程的第 1 站相融合，你就能随意引用之后的任何一行台词了，当然，前提是你已经把沿途的几个站点编好序号了。

《哈姆雷特》第一幕第二场第 131 行台词是什么？

通过快速计算就能得知，答案一定在你的旅程的第 3 站，你将在那里再次遇到船桨，并且迅速说出："或者那永生的真神未曾制定……"

第 158 行台词是什么？

再一次，你能够推断出这必定是你的旅程的第 30 站，或者说是倒数第 2 站："那不是好事，也不会有好结果。"

这便是我"背诵"纸牌顺序的方法。我赋予每张纸牌一个助记符号，然后将它们按照事先确定的间隔放置在想象的徒步路线上，这让我非常清楚每张纸牌的确切位置和顺序。人们最为困惑的是，我如何能够很容易地给出他们提到的任何纸牌的序号，比如第 14 张或是第 26 张，但现在你知道秘诀是什么了！

莎士比亚的语言

所有现存语言都会随着时间的推移不断演进，词汇的含义也将不断变化，比如"silly"（愚蠢）这个单词曾经意味着"神圣"，而"doubt"（怀疑）某件事意味着你有充分的理由相信它。因此，要想透彻地解读莎士比亚的剧本，你必须掌握特定短语和个别单词的含义。目前市场上有一些非常好的学习指南，适用于所有等级的考试。

如果想将释义与这段独白联系起来，你只需在每句台词的关键图像中增添一个新元素。例如，哈姆雷特在这段独白的第一句中表达了自杀的意图：

"啊，但愿这一个太坚实的肉体会融解"

你可以调整心理旅程第一站的图像，让自己在看到一堆腐肉时感到异常厌恶，移开视线后，却注意到有人站在一栋建筑的边缘准备往下跳。

第二句台词里的"消散"（resolve）在现代语境中的含义是"溶解"（dissolve）。很简单，只需想象雷神托尔的溶解牌地毯清洁剂在水中溶解，咝咝冒泡。

现在，你应该已经熟知哈姆雷特这段独白了，你的想象力肌肉也得到了充分锻炼，能够让你运用联想，回忆起独白中的下列单词和短语的释义。

- **禁止自杀的律法（canon' gainst self-slaughter）**
  上帝禁止自杀的法则

- **居然（merely）**
  完全，彻底

- **天神（Hyperion）**
  希腊神话中的太阳神

- **丑怪（satyr）**
  希腊神话中半人半羊的怪物

- **天神和丑怪（Hyperion to a satyr）**
  截然不同的对比

- 让（beteem）

  许可，允许

- 吹（visit）

  吹向

- 泪人儿（Niobe）

  希腊神话中在子女全部被杀后哀痛难抑，化为石头后仍然垂泪不已的女神

- 没有理性（wants discourse of reason）

  无法进行理性思考

- 虚伪之泪（unrighteous tears）

  虚情假意，"鳄鱼的眼泪"

- 匆促（to post）

  急忙

- 迫不及待（dexterity）

  迅速

学习建议

考试最终考查的是你对一部戏剧的理解、解读和观点，因此在学习戏剧时应尽可能地积极主动，这关乎你的利益。

你可以设身处地地为每个角色着想，想象哈姆雷特有何感受。

假如是你的叔父杀死了你父亲，之后不出两个月又娶了你母亲，面对此情此景，你会做何反应？试着去感受哈姆雷特的悲痛心情，去领会正是周遭情况的巨变导致了他的精神崩溃。

你可以多次通读剧本，每次都扮演一个不同角色，试着理解这个角色的观点，这能够增进你对剧本的理解，帮你为考试时可能遇到的问题做准备。在形成了自己的解读之后，请通过小组讨论或者延伸阅读的形式，将你的观点和其他人的观点做比较。

假如你很擅长直观表现的形式，那么你可以想象关键场景正在眼前上演。你会选谁来扮演哈姆雷特？哪位演员最能展现哈姆雷特的性格特征？

除此之外也要关注作者，就这部剧而言便是威廉·莎士比亚。他写某个特定场景是想表现什么？他为什么决定让某个特定角色用特定词汇说出一句特定台词？某些特定词汇是否在你脑海中产生了他希望你能注意到的联想？这些联想，或者说内涵，为人物和环境的呈现增添了什么效果？

小结

- 在开始记忆文学材料之前，通过下列方法了解文章内容：

    1. 在阅读时积极主动；
    2. 培养对一个或者多个角色的同理心；
    3. 研究角色之间的互动。

- 为了帮助自己鉴别文章主要情节和主题，想象文章内容全都发生在一个熟悉的地理环境中，选用你认识的人来扮演文中角色。
- 向英语文学指南、文学术语词典、文章评论和小组讨论寻求帮助。
- 了解关于作者的一些背景知识以及写这篇文章时所处的环境。
- 为了记忆剧本选段、一首诗或是一篇散文，请选择一条熟悉的徒步路线或是旅程来铺展每行文字，如此一来将能够保持文章的原有顺序。
- 运用你的想象力，将每一句的关键词或是主题转换成关键助记符号。
- 将这些象征图像牢牢固定在记忆旅程的不同站点上。
- 一些特定词汇和短语的含义可能已经出现变化，或者已过时而淘汰，可以运用联想和关联法理解并记忆这些含义。
- 你可以将个别引用浓缩成复合图像，全部储藏在一栋熟悉的建筑里，比如你所在地的图书馆或者书店。
- 最重要的是，将你富有创造性的想象力与联想和位置结合起来，从二维线性形式中提取出文章内容，赋予角色生命，让景色焕发生机，从而让文字变得生动。

第 11 章

学习语言的捷径

> 我用希伯来语说，我用荷兰语说，
> 我用德语和希腊语说；
> 但我完全忘了（这让我烦恼不已），
> 你说的是英语！
>
> ——刘易斯·卡罗尔[①]

渗透感

我在学校里学习语言时，老师这样教我："地板"（floor）的法语是 *plancher*，这是一个阳性名词。我问老师要怎样记住时，他说最佳方法是一直重复这个词，直到它最终"渗透"大脑。

因为 *plancher* 和 floor 这两个词没有明显联系，也没有究竟为什么地板是阳性名词，窗户却是阴性名词的逻辑，在我看来，我的老师当时只能这样回答我。换句话说，学习一门语言将是一个艰苦漫长的过程。

[①] 刘易斯·卡罗尔（Lewis Carroll，1832—1898），英国作家、数学家和逻辑学家，代表作《爱丽丝漫游奇境》。

一遍又一遍费力劳神地重复单词，只为在词汇考试时因为想不起来而感到屈辱沮丧，我可不认为这是什么趣事，也难怪我讨厌学习语言。现在回想起来，我把这种学习方法比作在夜间开车穿越浓雾，而且还挂着倒挡，眼睛也被蒙住了！虽然我知道该去哪儿，但对于怎么开过去完全没有头绪。

假如我当初知道接下来将介绍的这种方法，相信我的西班牙语、法语和拉丁语成绩肯定非常优异，我会成为一名优秀的语言学家。但实际情况是，我不得不放弃拉丁语，尽管费了很多工夫，我的西班牙语和法语成绩也只是勉强过关。这令我遗憾万分，每当回想起本不必浪费的时间，我都痛苦不已。

实际上，用于掌握外语词汇的平均学习时间能够也应当大幅缩短，以将更多时间留给理解语言结构，品味造就这门语言的文化，以及完善自己的口音。如果你遵照我介绍的步骤，就有可能在10小时之内掌握1,000个基本外语词汇，包括正确的名词阴阳性。

可以说，我的这种方法是为学习外语量身定做的，因为它会充分利用开发记忆所需的三大要素。你在阅读本书的过程中，已经在实践这三大要素——联想、想象力和位置。

要记住法语中"地板"这个词是 *plancher*，可以采用两种方法：

1. 如果一个词和对应的外语释义之间没有非常明显或是易于记忆的联系，就需要你人为制造联想。你可以想象地板是由木板（planks of wood）制成的，木板即是之前晦涩难懂的外语单词的等价物。这样的话，未来当你看到 *plancher* 这个词的时候，就会立刻想到：*plancher*——木板——木头——地板，反之亦然；

2. 单调地把 *plancher* 这个词重复 200 次，然后尽量往好处想。

第 1 种方法需要额外花费的时间最少，通过打造一块易于记忆的垫脚石，它能省去第 2 种方法中摧毁精神的重复过程。

若想记住德语中的"雨"（rain）这个词 *regen*，你可以想象成百上千的美国前总统罗纳德·里根（Ronald Reagan）从天而降。需要说明的是，为单词及其外语释义找出关联词（linkword）这个体系并不是我发明的，市面上有大量提及关联词的语言学习书籍，每种都包含成百上千个现成的助记示例。事实证明，对于任何想要速成一门语言的人来说，在记忆专家迈克尔·格鲁内贝格博士编译之下的这些关联词有巨大帮助。

然而，我开创的方法是一种极为有效的体系，它既能存储至少数百个内容疯狂的心理图像，也能立刻确定任何单词的阴阳性。假如你正在学习不止一种语言，这一点尤为重要，因为如果没有恰当有序的心理归档体系，可能会造成大规模混乱。例如，"裤子"（trousers）在德语中是阴性名词（*die Hosen*），而在法语中是阳性名词（*le pantalon*），那么你如何避免在记忆这些单词时混淆它们的阴阳性呢？

城镇规划

解决方法很简单，你只需调动记忆训练的第三大要素，运用熟悉的位置记忆即可。创建古怪夸张的心理图像固然很好，但有必要把它们"放置"在某个地方，便于今后使用。这就像拆开了所有结婚礼物却忘了记下是谁送的一样，如果你不知道礼物是从哪儿来的，怎么知道该感谢谁呢？

无论你正在学习哪种语言，请选择一个熟悉的城市或者村镇，用于在脑海中储存将创建的所有关键图像，这些图像将形成你的基本词汇。想想你要学习哪一类单词：图书馆、店主、蔬菜、邮局、交通信号灯、墙壁等等。一个村庄本身的布局就能容纳一整套外语词汇。请选择一个你熟悉的区域，因为你规划的路线会在超市、咖啡馆、房屋和停车场之间来回穿梭，甚至还要爬树。然后，将这座城镇分成不同区域，比如当地的花园、公园或是景观可以用于容纳能想到的所有形容词——潮湿、高大、奇怪、绿色、自然。你也可以用当地的体育中心及周边区域来容纳所有动词——跑、抬、游泳、击打、跳水。不过，这套体系真正的美妙之处是，能让你按照单词的阴阳性将它们整齐划分开来，方法是把它们存放在被我称作"性别专区"的地方。

仅限女性

我们以法语为例。如果你选择的村镇中间被一条主路隔开，那么你可以将所有阳性名词放在路东边的任何位置，将所有阴性名词放在路的西边。这条路本身就成了一个有效的屏障，或者说界限，防止阴阳性不同的单词横穿马路。当然，这么说会显得有点反社会。

如果你把思路集中在路东边的某个电话亭上，你就总能想起这个词在法语中是阳性名词：*le téléphone*；在主路西侧的河岸上做些特殊标记，就会确保你记住这是阴性名词：*la banque*（银行）。这种方法不会产生混乱，也无须额外的助记图像。所选位置的地形神奇地消除了反复担心名词阴阳性的负担，因为名词所在位置会自动显示它的类别。城镇本身即是参考图像。实际上，我甚至会说你完全没有去记忆阴阳性，是你的想象力和性别专区在为你代劳。

如果你能用两个或两个以上城市来隔离阴阳性不同的单词，记忆就会更简单，毕竟德语单词存在三种性：阳性、阴性和中性。英国城市布拉德福德（Bradford）和利兹（Leeds）相距不远，是非常理想的位置。假设你了解这一带，便可以把所有阴性名词放在布拉德福德，而东边的利兹就会成为"男性专区"，这样所有中性词就可以放在两个城市中间的中性区！

最近，我把这个方法教给了一个名叫戴夫的学生，他一直在努力学习德语。令我惊恐的是，他甚至无法分辨 *der*、*die* 和 *das*（德语中的定冠词"the"）中到底哪个词对应阳性、阴性和中性。鉴于他学习德语已有两年，出现这种情况可能与教学方式无关。不过，通过使用如下方法，让他调动一点想象力，并且暂时将正确发音抛在脑后，他迅速记住了这三个不同形式的单词：

1. *Der* 让他想到学校里一个有点迟钝的男生；
2. 他将 *Die* 与"死亡"（die）这个词以及他姑姑的葬礼联系起来；
3. *Das* 让他想到一种能中和气味的肥皂粉。

戴夫之前被建议放弃德语，专心学习其他学科，因为他的老师觉得他几乎无法通过期末考试。但实际上，戴夫成功拿到 C，这在他父母看来已是一次胜利，他的老师则认为这是个谜。

给你的小镇添砖加瓦

为了建立基础法语词汇，你可以想象你所在小镇或村庄的布局，把它分成两个部分。在我带你看下列例子的同时，请运用你的想象力和联想能力，分配适当位置存放你构想出的关键图像。

- *La route*——道路（the road）

1. 请尽可能地使用法语单词的正确发音，找出这个词与其英语释义的联系。在这个例子中，*la route* 发音类似"根"（root）。因此，一个很明显的关键图像就是植物的根；

2. 因为 *la route* 是阴性名词，你需要把它安放在小镇的女性专区。请你想象镇上熟悉的一条路，然后想象一棵植物的根从路中央破土而出。

顺便，你应该记住阳性冠词 *le* 和阴性冠词 *la* 的区别，假如你不知道，可以把它们想成莱恩（Len）和劳拉（Laura）。

- *Le chou*——卷心菜（the cabbage）

1. 因为 *chou* 的发音类似"shoo"，请把鞋（shoe）用作关键图像；

2. 这次 *le chou* 是阳性名词，所以请在小镇的男性专区选择一个你可能会找到卷心菜的地方。市场怎么样？你可以想象一幅难以下咽的画面：在市场的一个摊位上，卷心菜从旧鞋里长了出来。

- *Le marché*——市场（the market）

    1. *Marché* 的发音是"marshay"，我立刻想到了游行（march）；
    2. 这个词是阳性名词，所以请想象在上一个例子的市场里正在进行一场大游行。人实在太多了，鞋里长出的卷心菜遭到践踏。

随着你开始为小镇添砖加瓦，可以像这样将阴阳性相同的单词的关键图像联系起来，这有助于将这些图像牢牢固定在它们的位置上。

- *La glace*——冰（the ice）

    1. *glace* 听起来就像"玻璃杯"（glass）；
    2. 这是阴性名词，所以请跳回女性专区。镇上的喷泉里形成了一块巨大的冰（当然，假设喷泉也在女性专区），有人用它雕刻出了玻璃杯的形状。巧合的是，雕像（*la sculpture*）和喷泉（*la fontaine*）也是阴性名词。

有时候你不需要关联词，因为有的法语单词和对应的英语单词发音相同，但你还需要知道这个词正确的阴阳性。遇到这种情况时，你可以把关键图像放置在镇上恰当的性别专区中，然后给它添加一个象征图像，比如法国国旗或者香槟酒瓶。

- *Le garage*——车库（the garage）

    请想象男性专区的一个车库外面飘扬着法国国旗。

如何放置形容词

虽然你可以将形容词整合到性别专区中，但我坚持把各种单词留在它们对应的范围之内。如果同类单词都在同一区域中，你在寻找恰当描述时的搜寻范围就不会太大。下列形容词都可以被放置在小镇公园里。

重申一遍，运用和之前一样的关联词寻找原则，但这次请用你的创意来构想背景设定的关键图像：

英语	主要关联图像	法语
丑陋的（ugly）	——————	*laid*
矮小的（short）	——————	*court*
迅速的（quick）	——————	*rapide*
愤怒的（angry）	——————	*fâché*
粉色的（pink）	——————	*rose*
瘦的、细的（thin）	——————	*mince*

你的公园里最后也许会出现一场音乐节，现场满是慵懒（laid-back）丑陋的嬉皮士，还有矮小威严（courtly）的生态战士。接着，语速很快的说唱歌手（rapper）、愤怒的法西斯主义者（fascist）、粉色玫瑰（rose）和细长条的绞肉（mince）都闯了进来！

去哪里找所有动作

不仅是行为动词，实际上所有动词都可以被存放在小镇的体育中心或是健身俱乐部。将所有动词放在同一屋檐下的特定位置，有助于避免产生混淆。再一次，请找出恰当的关键图像，将法语单词及其释义联系起来：

- *Courir*——跑（to run）

请想象一位信使（courier）正跑过体育中心的大门来送急件。

- *Lever*——举起（to lift）

在健身房里，一位健身运动员正在举起被临时当作哑铃的杠杆（lever）。

- *Lutter*——摔跤（to wrestle），搏斗（to struggle）

请想象一位职业摔跤手正在摔跤场上和一把凶残的琵琶（lute）搏斗，听听琴弦发出的拨弦声。如果你周边的体育中心里没有摔跤场或是拳击场，就在这栋楼里的某个地方想象一个。

- *Manger*——吃（to eat）

在自助餐厅里，体育中心的会员们正在粗鲁地吃着马槽（manger）里的东西。今天的特别甜点是杧果（mango）。

- *Cacher*——隐藏（to hide）

你在一个储物柜里发现了有人试图隐藏的一大笔现金（cash）。（请记住，英语中的 cache 是名词，指的是财宝、毒品或弹药的藏匿处。）

- *Gérer*——管理（to manage）

体育中心的经理名叫格里（Gerry），只不过他不是很健康，整天就知道坐在办公室里狂饮雪利酒。

法语中"经理"（manager）这个词是 *le directeur*。你可以想象你认识的某位经理正在男性专区指挥（direct）交通。如果这位经理是女性，即 *la directrice*，那就是在女性专区指挥交通。

我上学时一直觉得法译英比英译法要简单，而使用关键图像能让你实现英法互译，因为这些图像就如同一个连接、跳板、位于英语和法语之间的中间点。假如你正在运用想象力将本章中的所有示例可视化，而不是被动地阅读这些文字，那么你在将下列单词进行英法互译方面应该没有困难，包括在必要位置标注阴阳性正确的定冠词（*la* 或者 *le*）：

英语	法语
冰（the ice）	?
愤怒的（angry）	?
车库（the garage）	?
市场（the market）	?
躲藏（to hide）	?
卷心菜（the cabbage）	?
瘦的、细的（thin）	?
跑（to run）	?
道路（the road）	?

法语	英语
迅速的（*rapide*）	?
吃（*manger*）	?
矮小的（*court*）	?
举起（*lever*）	?
管理（*gérer*）	?
粉色的（*rose*）	?
摔跤、搏斗（*lutter*）	?
丑陋的（*laid*）	?
经理（*la directrice*）	?

一共 18 个单词翻译，每个词计 1 分，5 个正确的定冠词再计 5 分，你总共应该得 23 分。

如果没能拿到满分，说明你最初没有为这些单词建立起必要的心理联系。这项练习中的每个单词——无论是英语还是法语——都应该将你带到小镇的某个特定区域，那里的关键图像能向你揭示这个词的释义。玫瑰能把你带到公园，在那里你能看到粉色的玫瑰。跑进体育中心的那位是谁？当然是信使。冰能让你想到用喷泉里结冰的泉水雕刻出的玻璃杯，喷泉在哪儿来着？在女性专区（*la glace*——冰）。如果你一开始没有建立起关键联系，之后怎么会想起这些单词呢？

更多打造你的小镇的有用词汇

阴性名词

la librairie	书店（the bookshop）
la pâtisserie	蛋糕店（the cake shop）
la boulangerie	面包店（the bread shop）
la poste	邮局（the post office）
la gare routière	公交站（the bus station）
la cathédrale	大教堂（the cathedral）
une église	教堂（a church）
la mairie	市政府（the town hall）
la pharmacie	药房（the chemist）
la boucherie	肉店（the butcher）
la station-service	加油站（the petrol station）
la bibliothèque	图书馆（the library）
la banlieue	郊外（the suburbs）

阳性名词

le parking	停车场（the car park）
le supermarché	超市（the supermarket）
le stade	体育场（the stadium）
un hôpital	医院（a hospital）
le musée	博物馆（the museum）
le centre commercial	购物中心（the shopping centre）
le commissariat	警察局（the police station）

阳性名词		
	le centre-ville	镇中心（the town centre）
	le terrain de sport	运动场（the sports ground）
	le cinéma	电影院（the cinema）
	un hôtel	旅馆（a hotel）
	le camping	露营地（the campsite）
	le quartier	地区（the district）

星期

你的小镇能存放的信息数量和种类是无限的。如果在记忆外语的星期上遇到困难，你可以运用关联法（参见第 6 章），编一个把每一天联系起来的短篇故事。你可以把故事背景设定在一个恰当的位置上，比如公交站，这里总会出现各种时间表。另外还要记住，这则故事要尽可能有创意。法语中的星期是这么说的：

星期日	*dimanche*
星期一	*lundi*
星期二	*mardi*
星期三	*mercredi*
星期四	*jeudi*
星期五	*vendredi*
星期六	*samedi*

不要担心发音，这些图像只起到提醒作用，促使你想起正确的单词。

你可以编写你自己的故事，或者参考下面这个可能发生的场景：想象你身处公交站，看到一个恶魔（demon）正在吃午饭（lunch）。他朝路过的奔驰车（Mercedes）扔了一条玛氏巧克力棒（Mars Bar），结果司机朱迪（Judy）一头撞进了一台自动贩卖机（vending machine）……萨梅迪（Samedi），快叫救护车！

数字

如果你已经学习了多米尼克体系（参见第9章），就能很快将你选择的数字代表人物和对应的法语数字联系起来。例如，爱因斯坦代表15，法语的15是 *quinze*，发音有点像英语里的"罐头"（cans）。因此，你可以想象爱因斯坦一边站在黑板前讲课，一边吃着焗豆罐头的画面。看看你能不能想出搭配多米尼克体系中其他人物的画面，将下列法语数字存入你的记忆银行：

1	un(e)	16	seize
2	deux	17	dix-sept
3	trois	18	dix-huit
4	quatre	19	dix-neuf
5	cinq	20	vingt
6	six	30	trente
7	sept	40	quarante
8	huit	50	cinquante
9	neuf	60	soixante
10	dix	70	soixante-dix
11	onze	80	quatre-vingts

12	*douze*	90	*quatre-vingt-dix*
13	*treize*	99	*quatre-vingt-dix-neuf*
14	*quatorze*	100	*cent*
15	*quinze*	1000	*mille*

"我的脑袋不会炸开吗？"

有人担心，用这种方法学习一门语言，会让他们脑袋里充斥太多心理图像——大量稀奇古怪的场景可能会在某种程度上"挤走"他们的思路。不出所料，这种担忧和批评往往出自那些从未亲自尝试过这种方法的人。讽刺的是，如果尝试过，他们很快就会意识到，实际情况和他们的担心恰恰相反——通过整齐排列信息，这种方法其实会理清思路。

值得指出的是，古罗马演说家和政治家西塞罗在探讨记忆的艺术时提到了这个问题：

> 技巧不熟练之人坚称，大量图像会将记忆击垮，如果未能获得协助，记忆本身保留下来的东西也会变得模糊不清。这种说法是不正确的。我曾亲自见过记忆力出神入化的杰出人士，雅典的查尔马达斯（Charmadas）和亚洲的迈特罗多鲁斯（Metrodorus），据说后者依然健在。他们两人均表示，会把想记住的东西以**图像**形式记录在自己拥有的财物的特定位置上，就如同在蜡上刻字一般。由此可见，如果没有天生的记忆力，就无法用这种方法提取记忆；但如果记忆隐藏在某

处，这种方法无疑能够将它召唤出来。

——西塞罗，《论演说家》（粗体字为本书作者所注）

你的记忆不会被大量心理图像压垮，因为这种方法就像一种归档系统，通过把信息转化为图像代码，存放在特定的心理位置上，实现有效归档。这意味着你无须担心心理图像过多，因为你非常清楚它拥有自己的"位置"，如有需要，你可以随时获取这个位置，参考这幅心理图像。简而言之，一旦你记住了信息，就可以忘记这回事。

相反，如果信息没有得到妥善处理和存档，它就会游荡在某种混沌之中，像一张堆积着未完成的工作的凌乱桌子一样，总是露出它的面孔，想要抓住你的注意力。如果你想让思路陷入不必要的混乱，可以试着在考试的前一天晚上死记硬背一大堆单词。满脑子都是你拼命靠一遍又一遍地重复希望记住的单词，这恐怕是你走进考场时最不希望出现的情况。

如果你在大脑里"安装"了本章所述的心理档案系统，那么考试之前你唯一能想到的就是成功。

请记住……

练习得越多，你的心理图像就越清晰，创建图像的速度也会越快。

矛盾的是，创建的图像越多，实际上用于储存它们的空间就越大，因为你的记忆力会迅速增强，变得更加敏锐，并且渴望获得更多知识，同时也会激活你的大脑，鼓励你加快学习速度。

所以，在初次努力之后请你不要放弃。如果你不习惯这样运用想象力，你的大脑在一开始肯定会有点迟钝，就像你的身体在练习新运动时的感觉。但还请坚持尝试，因为回报实在过于丰厚，不容错过。

小结

- 对于每一种语言，都可以选择一个熟悉的城市或村镇存放所有基本外语词汇。
- 将你的小镇分成不同区域以存放不同类型的词汇。为阳性、阴性、中性词分别创建性别专区，将行为动词存放在体育中心，形容词存放在公园，以此类推。
- 运用想象和联想，为外语单词及其英语释义创造联系，再将之转化为心理图像。
- 构思出关键图像之后，将它"安放"在小镇的合适区域，在心理上将它归档。这将起到图片参考的作用，引导你回想起原本的英语单词，或是单词对应的外语释义和正确的阴阳性。
- 继续搭建你的心理档案系统，添加更多关键图像，让它们分布在镇上的各个位置。
- 具有自修改特性是这一系统的众多优势之一。随着小镇上的关键图像不断增多，你对它们的印象也更深刻。每次重返或是重游小镇时，你都会回想起曾经构想的场景和人物。在大脑内部的助记世界里遨游，会让复习单词变成一次愉快的怀旧之旅。
- 我从没想过我会说这种话，但在掌握了这种方法之后，我真希望现在能回到学校！

第 12 章

数学捷径

> 乘法是烦恼，除法也一样糟；三次法则令我困惑，练习把我逼疯。
>
> ——伊丽莎白时代的匿名手稿（1570）

心算

我对上小学时的情景记忆犹新。那时候，人们认为让一个孩子熟记乘法口诀的最有效工具是"恐惧"。我记得，作为未能正确回答 9×7 等于多少的惩罚，数学老师强迫我站在全班同学面前背诵九九乘法表。让这种羞辱变得更糟的是，在我紧张地说出每一句口诀的同时，老师都会用一把尺子打一下我的腿肚子，虽然打得不重，但依然有力，目的是让我牢记口诀。"9……啪，乘以1……啪，等于9……啪……"以此类推。

万幸的是，现在的数学教学方法相比当年已经有了巨大变化，更加注重解决问题、实际调查和计算方法，为的是通过让数学变得更加有趣且令人愉悦，来尝试打破数学是一门纯粹的抽象学科的观念。

数学定义

和其他任何学科一样，数学也有自己的专业术语，而且我们很容易就能想出一些简单方法来提醒自己这些术语是什么及其含义。以下是一些例子：

- 等边三角形（Equilateral triangle）

这种三角形所有边和角都相等。请留意用"等边"（**equil-ateral**）这个词中的"相等"（**equal**）和"所有"（**all**）来提醒自己。

- 不等边三角形（Scalene triangle）

这种三角形所有边和角都不相等。请留意"不等边"（**scalene**）这个词中的每条边"都不相等"（**s**ides **all n**ot **e**qual）。

- 等腰三角形（Isosceles triangle）

这种三角形有两条边和两个角相等，剩余一条边（**1** side **o**dd），即等腰（**iso**sceles）。

- 锐角（Acute angle）

小于90度的角。为了记住这是比较小的一种角，可以想象一只可爱的（**a cute**）小猫咪。

- 钝角（Obtuse angle）

介于90度和180度之间的角。请想象一个只比直角大一点（**o**nly **b**igger）的角，即钝角（**obtuse**）。

- 正弦（Sine）、余弦（Cosine）、正切（Tangent）

以下是一个记忆三角比（直角三角形两条边的长度之比）的老方法：

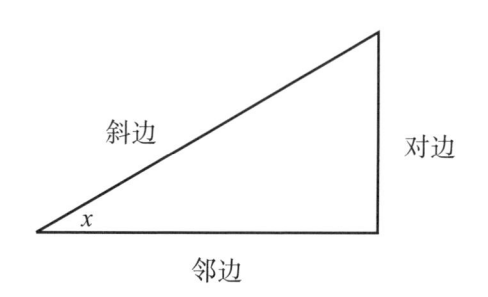

```
         斜边              对边
            x
           邻边
```

正弦（Sine）x = 对边（Opposite）÷ 斜边（Hypotenuse）
余弦（Cosine）x = 邻边（Adjacent）÷ 斜边（Hypotenuse）
正切（Tangent）x = 对边（Opposite）÷ 邻边（Adjacent）

合起来是一句话：奥利弗爵士的马缓步回到了奥利弗阿姨的家。（Sir Oliver's Horse Came Ambling Home To Oliver's Aunt.）

- 众数（The mode）

这指的是一组数据中最常出现的值。在下列数字 6、2、7、3、7、3、3、2、5 中，3 出现的次数最多，因此这个数列的众数便是 3。你可以想象"最常出现的数字"（most often digit）来帮你记住这个术语。

- 积（Product）

数字的积指的是多个数字相乘得出的结果。通常会与"和"

（sum）弄混，"和"指的是多个数字相加得出的结果。你可以想象生育（**produc**ing）后代，以及《圣经》所说的"去繁衍后代吧！"（Go forth and **multiply**!）

- **商**（Quotient）

数字的商指的是两个数字相除得出的结果。你可以想象，在多位家人瓜分（**divid**ed up）之后，你得到了属于你那份配额（**quota**）的遗产。

- **运算次序**（Order of operations）

复杂数学方程式的运算次序如下：

1. 括号（**Brackets**）
2. 乘法（**Multiplication**）/除法（**Division**）
3. 加法（**Addition**）/减法（**Subtraction**）

只需记住一句非常有用的助记口诀即可：有胡子的男士幻想刮胡子（**Bearded Men Dream About Shaving**）。

- **有理数和无理数**（Rational and irrational numbers）

有理数（**ratio**nal number）指的是可以表示为分数或比例（**ratio**）的数，例如 $\frac{1}{2}$、$\frac{3}{4}$、0.8、$\frac{17}{2}$。无理数不能表示为分数或比例，例如圆周率 π=3.1415926……目前已经发现，π 的小数点后可以有数百万位数字，完全看不到尽头。要想记住这个术语，我会想到记忆专家菲利普·邦德（Philip Bond），他记住了圆周率小数点后 10,000 位数字，你或许会觉得这种行为相当不合理（irrational）。

数学派对游戏

我在一次电视演示中被蒙着眼睛对 10 个 4 位数求和。下面我将介绍我的技巧，如果你已经学了多米尼克体系，你也能够做到这一点。

第一步是准备一个只有 4 个站点的位置，因为你会把这 10 个数转化为 4 组数字，然后用多米尼克体系中的人物来代表每组数字。

请想象你正站在你家外面。假设你家有两层楼，面朝这栋房子，把屋顶左上方当作第 1 站，这是第 1 个人物的位置；然后来到房子斜对角的右边，你稍后会让第 2 个人物在这里探出窗户；在这下方稍微往右一点的位置将出现站在梯子上的第 3 个人物；最后，第 4 个人物会位于一楼右侧。这 4 个人会从左到右大致形成一条对角线。

现在可以准备好开始求和了。因为你蒙着眼睛，所以请一位助手帮忙，将 4 位数拆成 4 列，先在第 1 列写下并缓缓报出 10 个数字。在听到数字的同时将它们相加，把得出的和转化成一个人物。在记住第 1 个人物并将其安置在你的房子的正确位置之后，请你的助手继续写下并报出第 2 列数字。

例如：

```
            7364
            4201
            3871
            6728
            2609
            8735
            1312
            5236
            9043
        +   7492
        _____
```

第 1 列的和：52=EB　伊妮德·布莱顿（Enid Blyton）
第 2 列的和：42=DB　大卫·鲍伊（David Bowie）
第 3 列的和：35=CE　克林特·伊斯特伍德（Clint Eastwood）
第 4 列的和：41=DA　大卫·爱登堡（David Attenborough）

在这个例子中，第 1 列数字的和是 52。将这个数字转化为字母之后，会得出伊妮德·布莱顿的首字母缩写（EB=52）。现在，请想象伊妮德·布莱顿站在你家房顶上。伊妮德和五伙伴[1]出现在你家房顶的奇异景象，一定会强有力地提醒你想起 52 这个数字，这也意味着你准备好攻克下一列数字了。

请你从左到右解决这几列数字。在助手报出数字时重复心算求和的过程，得出第 2 列数字的和 42，让代表这个数字的大

---

[1] 出自《五伙伴历险记》(The Famous Five)，伊妮德·布莱顿写的儿童冒险系列小说。

卫·鲍伊（DB=42）处在窗户的位置。再一次，夸张的场景将确保你记住这个数字。

最后两列数字的和分别为 35 和 41，因此你会让克林特·伊斯特伍德（CE=35）站在梯子上，大卫·爱登堡（DA=41）在一楼帮他扶着梯子。现在，10 个数字的求和被缩减成了 4 个简单的图像，你很容易就能记住它们。

这 4 位游戏玩家已经被牢牢印刻在你的脑海，你现在可以向观众宣布你要心算求和了。在回顾这些图像准备求和的同时，可以告诉观众你正在迅速浏览所有数字，这只是为了增加他们的困惑。

$$\begin{array}{r} 52 \\ 42 \\ 35 \\ +41 \\ \hline 56591 \end{array}$$

这次求和所用的关键图像现在已经被完美固定在你的脑海，让你能在大脑中做最后的简单求和，从万位、千位、百位到十位、个位，从左到右缓缓报出最终结果。观看这次运算的人会觉得你要么拥有过目不忘的能力，要么就是行走的电脑！

无论你是否把这种求和表演当成派对上的余兴节目，拆分之后分别求和都是一种有效且安全的求和方法，因为它能降低大脑在处理余数时的出错概率。

你可以试着培养先将数字四舍五入再求和的习惯。以下面这个求和算式为例：

$$59+85=144$$

如果你先将59四舍五入成60，求和之后再减1，就会容易很多：

$$60+85=145-1=144$$

请你在练习下列求和时运用四舍五入的方法，然后就可以一劳永逸地和心算引发的头痛说再见了：

99+76=？
68+52=？
81+55=？
198+66=？
151+75=？

第 13 章

科学的抽象世界

> 科学只不过是经过训练和组织的常识……
>
> ——托马斯·赫胥黎[1]

记忆与理解

你觉得记住了多少课堂上学到的知识？老师又觉得我们理解了多少？

令人遗憾的是，越来越多的证据表明，我们不仅只能记住很少的知识，能够理解的更少。伦敦大学国王学院的研究员完成的一份广受重视的报告显示："表面上能够接受的考试成绩，掩盖了令人不安且广泛存在的严重并具有破坏性的理解混乱。"

美国科学传媒集团（Science Media Group）进行的视频采访显示，老师在课堂上传授的信息遭到了误解，尤其是科学方面的信息，部分原因在于我们对宇宙的先入之见。

在美国马萨诸塞州的索格斯高中，学生们在学习关于电的知

---

[1] 托马斯·赫胥黎（Thomas Huxley, 1825—1895），英国生物学家。

识前被问到以下问题：你能只用一节电池和一些电线就点亮一个灯泡吗？学生们不仅给出了正确答案——能，而且其中一些人还绘制出了合理的电路图。但在老师上完课之后，学生们不仅对电这种现象的理解程度下降，也开始变得困惑。

一位名叫珍妮弗的学生是其中的典型。她在上课之前画出了完美的电路图——这种图在考试中能拿到满分。但在上完课之后，她不相信仅靠电池和电线就足以点亮灯泡。为什么不能？因为在课堂上，点亮的灯泡是竖立在插座上进行展示的。具有 27 年教龄的老师吉姆认为，这样展示只是为了方便，但珍妮弗却产生了误解：如果没有插座就无法点亮灯泡。

这种结果让吉姆和其他同意参与这项试验的老师倍感震惊。他说："我以为已经讲得很清楚了，即便是傻瓜也能明白我在干什么……孩子们似乎都很投入，他们坐在那里，睿智地点着头，仿佛全都听懂了……但似乎他们没有真正听懂，也没有理解和吸收自认为已经讲清楚的概念。"

我们在努力理解科学知识时，出于本能，会利用常识对周围的世界做出个人解读。讽刺的是，常识往往有误导性。以一位拿着两颗子弹站在平地上的男士为例，其中一颗放在一把枪里，另一颗在他手里。他朝前开枪射出一颗子弹，同时丢下另一颗子弹。

问：哪颗子弹先落地？

答：两颗子弹同时落地。

这可能与我们的直觉相悖，但在这个例子中，是我们的直觉出错了——这和射出的子弹向前的动力毫无关联，因为两颗子弹受到的向下的力（重力）是相同的。

解决方法是什么

我们要如何控制自己任性的误解，掌握科学的基本原理？

● **方法**

当然了，我们会继续运用常识，但与此同时，也应当准备好接受这样的事实：事物不会总像我们想象的那样发展。常识使我们有时无法领悟科学的世界，因此必须试着保持开放的心态，以对科学原理的理解为基础。要记住，随着科学研究的进步，现在的基本原理可能会被推翻。

● **辩论**

我们应该先和其他人讨论关于某个问题的个人理论，而不是简单地接受答案。往水里加盐会发生什么？盐会融化，还是就这么消失？思考、分析和分享看法会让我们自动投入一个问题中去，所有错误观点都能摆出来以供辩论，甚至是嘲笑，而不是任由自己在怀疑中沉沦。

从我们意识到盐并没有在水中融化的那一刻起，科学便萌生了。实际上，盐是在水中溶解——将盐晶体结合在一起的化学键断开了，盐离子在水中分散。

● **询问老师**

如果你觉得无法理解，就向老师提出来。"逻辑在哪里？""请解释一下，我没听懂。"其他人会感激你这么做，你的老师也会——他们需要反馈。还记得吉姆说的话吗？"他们坐在那里，睿智地点着头，仿佛全都听懂了。"到底是谁在骗谁？

- **要有选择性**

不可避免的是，课程中需要学习的内容太多，用来学习所有知识的时间却不够。也就是说，你总会匆匆忙忙，试图学到所有知识。这种情形有时会导致你对一些课题学得不像其他课题那么深入。试图学习过多知识的危险在于，它会导致我们的理解能力跟不上。无论遭遇何种压力，请尝试专攻特定领域，掌握一到两个关键领域的知识能提振你的信心，也能促使你渴望学习其他领域的更多知识。由此产生的不可避免的副产品是你的考试成绩会得到提高。

- **添加不同角度**

你可以试着去探索更广阔的科学世界。关于科学的历史、故事、逸事、偶然发现以及伟大科学家的怪癖，不仅能为你的学习过程增添一点色彩，也能让你了解背景细节。科学知识往往像一碗由事实和数据构成的抽象晦涩的浓汤，而细节能让我们产生必要的联想，从而牢牢记住对这些知识的理解。

如何记忆科学术语

对于化学、物理和生物这样的理科科目，你需要将一部分考前复习时间用在确保正确运用学到的所有术语上。问题是，你遇到的大部分术语可能本就不易记忆。不过，稍微发挥一点创造力，你很快就能领悟化学、生物或物理的语言。如果用心寻找，你总能在某个地方找到关联。

在脑海中为你可能遇到的任何科学术语创建令人难忘的图像

并非难事。你可以花点时间（不会太久）为自己列一个清单，写出考试时所需的关键术语的记忆辅助工具。为了让你进入状态，以下是化学方面的一些例子：

- 元素（Elements）

  元素只包含一种原子，它们不能被化学分解成单质。你可以想到夏洛克·福尔摩斯的金句："这是最基本（elementary）的原理，我亲爱的华生。"意思是没有比这更简单的了。

- 化合物（Compounds）

  化合物是包含一种以上原子的物质，这些原子以化学方式相结合。化合物能被化学分解成单质。你可以想到包含多种动物的动物园（animal **compound**）。

- 酸（Acids）

  酸指的是：

  1. 能将蓝色石蕊试纸变红的物质：你可以想象一位警官气到脸色发红（**turning red**）的"蓝衣男孩"；
  2. 有酸味的物质：你可以想到醋（乙酸）的味道；
  3. 与金属反应生成盐的物质：你可以想象一个重金属（**heavy metal**）摇滚乐队的成员在迷幻狂舞会（**acid** house party）上变成了盐柱（**pillars of salt**）；
  4. 能中和碱的物质：想象贝斯（**bass** guitar）的声音被中和了（**neutralized**）。

- 合金（Alloys）

　　合金是将两种或两种以上不同金属熔合在一起，使其凝固而形成的金属混合物。例如，黄铜是由铜和锌熔合而成的。你可以想到合力形成牢固阵线的盟友（**allies**）。

- 潮解（Deliquescence）

　　潮解指的是物质吸收空气中的水并在其中溶解形成溶液的现象。要让自己想起这个术语，你可以想象走进一家熟食店（**delicatessen**），看到一杯被人遗忘太久的柠檬冰沙已经化成了水。

- 风化（Efflorescence）

　　风化指的是晶体物质暴露在空气中变成细粉末，或是盐附着在物质表面并结晶的现象。你可以想象含有溶解后的洗涤剂晶体的废水（**effluent**）在空气中失去结晶水，然后这些晶体变成了粉末。

- 酒精（Alcohols）

　　酒精是由碳、氢、氧组成的化合物。如果你能想到酒精会"导致宿醉"（**c**ausing **h**ang-**o**vers），你就忘不了它。酒中含有的酒精是乙醇，化学式为 C_2H_5OH，由糖类在酵母作用下发酵产生。

- 离子（Ions）

　　离子指的是带有正电荷或者负电荷的粒子。你可以想到电熨斗（**iron**）。

- 阴离子（Anions）

　　阴离子指的是带有负电荷的离子。你可以想象一个叫安（**Ann**）的人正在熨（**iron**ing）一张底片（**negative** film）。

- 阳离子（Cations）

　　阳离子指的是带有正电荷的离子。你可以想象阳离子像小猫一样（**pussy-tive**）。

- 放热反应（Exothermic reactions）

　　指在反应过程中产生热能的反应。你可以想象能量或是热量在退出（**exi**ting）的反应。

- 吸热反应（Endothermic reactions）

　　指在反应过程中吸收热能的反应。你可以想成热量在进入（**en**tering）的反应。

- 同素异形体（Allotrope）

　　同素异形体指的是一种元素能够呈现的不同形式。例如，碳拥有石墨、钻石等多种明显不同的同素异形体。你可以想象用一根绳子做出多种形状——这要用到很多绳索技巧（**a lot of rope tricks**）。这是一个很好的例子，能反映出在面对一个与本身含义或是定义没有明显联系的术语或者短语时，要怎样创建非常个性化的联想。

- 氨（Ammonia）

　　氨由氢气和氮气以 3∶1 的体积比混合而成。运用多米尼克体系，你可以想象三位霹雳娇娃（CA=31）正在努力将两种气体合二为一。氨气是采用哈伯制氨法（Haber process）制成的，它可以转化为氨化合物，用于制造化肥、硝酸、炸药、清洁产品以及一些塑料制品。要记住所有这些知识，你可以想象你来到港口，看到一艘货船正在卸货，货物中的军火能让你想到爆炸物、烟花和夜间把戏（**night tricks**），漂白剂可用于家庭清洁，你还闻到了和氨本身一样刺鼻的化肥气味。

你可以看到，创造出在考试时依然能够记住的荒谬图像十分容易，这样一来，你在考试时就不会因为苦苦思索一个定义而打断思路，而是能够被轻松回想起相关知识，流畅地回答问题。同样的技巧也能够轻易应用到生物术语上。以表现型和基因型为例，你很容易就能记住表现型（**phen**otype）指的是基因型（**gen**otype）的生理特征（**phy**sical signs）——而基因型指的是我们的基因组成（**gen**etic composition）。物理也一样，所有复杂的物理公式都能被可视化，进而牢牢记住。

记忆物理方程

我们以理想气体状态方程 $pV = nRT$ 为例，这个重要方程描述的是"理想"气体的状态（p = 压强；V = 体积；n = 物质的量；R = 理想气体常数；T = 温度）。你可以先用一句助记口诀将这个方程记在脑子里，不如用"怀孕的处女永远不会透露真相"（**p**regnant **v**irgins **n**ever **r**eveal **t**he **t**ruth）这句话。现在，你可以把这个方程重新排列成：

$$\frac{pV}{T} = \text{constant}（常数）$$

（压强 × 体积 ÷ 温度）

你可以想象有人在不停地往滚烫的煤块上按压大量气体（**constantly press**ing a **volume** of gas over **hot** coals）。

要记住，物理方程不是随意写出的——这些方程描述的是真实存在的东西，因此你可以运用常识来检验它们（虽然并非总是如此）。你可以想象一个打满气的足球，如果你挤压这个足球，随着它的体积缩小，气体的压力就会增强。你也可以想象加热一个刚性容器（这样体积 V 就是定值）中的气体，气压会不断增强，直到容器破裂。

一旦你记住这个方程

$$\frac{pV}{T} = \text{constant}（常数）$$

你就会知道理想气体定律的另外两种表达方式：

1. 波义耳定律（Boyle's Law）：在恒温下，气体的压强和体积成反比。

你可以想象在恒定温度下沸腾（**boil**ing）的水。

2. 查理定律（Charles' Law）：压强一定，体积与热力学温度成正比。

你可以想象一直饱受媒体压力的查尔斯王子（**Prince Charles**）。

这种记忆练习还可以更上一层楼。让我们回到化学世界，如果你愿意，完全有可能凭借脑力，运用关联法和多米尼克体系记住整个化学元素周期表——倒也不是为了化学考试，而是如果你真想显摆一下的话……

如何记忆元素周期表

多年前，我接到一位电视研究员打来的电话，询问我是否愿意参加一档接听热线电话的日间节目，来电者都是担心考试的学生。除了为来电者提供建议，对方也询问，如果我不介意，为了能在节目现场示范，我能否在前往摄影棚的路上迅速记住元素周期表。

如果有人请我如此匆忙地学习什么东西，我只会觉得他们认定我有过目不忘的能力——快速浏览一页内容，然后这些内容就全部整整齐齐地嵌入我的大脑。不幸的是，我并没有这种能力，如果真的有，恐怕我今后会因为享有不公平的优势而被禁止参加任何记忆赛事。

我的大脑与其他人的大脑别无二致。我的记忆力好于大部分人的唯一原因，是我学会了将信息输入大脑的一种方法，确保能在将来某个时刻想起这些信息。我在学校里与化学和所有化学元素搏斗的时候，没有人教过我这种学习技巧，实属可惜。

话说回来，带着一份元素周期表的复印件，我在伦敦的希思罗机场登上飞机，当抵达摄影棚所在地利物浦时，我已经对元素周期表了如指掌，倒背如流。

等到最终在直播节目中接受测试时，我已经能准确说出110个元素中任何一个元素的原子序数、元素符号、所属的族以及精确到小数点后4位的原子量。人们认为我一定是将整张元素周期表记在了脑子里，这显然是错误的。

虽然本书介绍的技巧学起来并不难，但用寥寥数语将它们解释清楚并非易事，尤其是在电视节目上。如果你没进行充分说明，一开始就说"我想象霍拉肖·纳尔逊骑在一头大象身上跟布赖恩·爱泼斯坦打电话"这种话，你很有可能会被你的观众疏远，让他们觉得一头雾水，甚至被他们当成十足的疯子。

幸运的是，你明白我在说什么，或者至少你现在明白了！

元素和元素符号

了解元素符号对于学习化学非常重要，熟知元素的原子序数以及它属于哪个族，是理解整个化学学科的基础。通常，我们学习元素符号的方法是在一段时间内不断重复和熟悉这些符号，这和我们学外语的方法大体相似。你在第 11 章已经发现学习外语单词的捷径，即在外语单词及其英语释义之间寻找关联。使用同样的方法，我们便能以最快速度掌握元素符号。

例如，要想记住锡（**tin**）的元素符号是 **Sn**，你可以想到《丁丁历险记》中的卡通英雄丁丁（**Tin Tin**）和他忠诚的小狗白雪（**Snowy**）。要想把元素符号 **Pb** 和铅（**lead**）联系到一起，你可以试着想象一根拴着铅块的垂线（a **lead**-weighted **plumb**-line）（铅的拉丁语是 *plumbum*）。

钨（**tungsten**）的元素符号是 **W**，出自一种金属矿石的名字：黑钨矿（**Wolfram**）。[1] 因此，你可以想象一只伸出 10 根舌头（**ten tongues**）的疯狂变异狼（**Wolf**）。

---

[1] Tungsten 取自瑞典古语"白钨矿"（Tungsten），而元素符号 W 取自德语"黑钨矿"（Wolframite）。

那么，你怎样将金和它的元素符号 Au 联系起来呢？不如用："我喜欢'金'这个词的声音（aural ring）。"或是："这种金属有独特的气场（aura）。"

最后，汞（Hg）会让我想到作家 H. G. 威尔斯[①]。我会想到被水银（mercury）污染的水井（wells）。

下次你因为记忆特定的元素符号而头疼不已时，这种方法能瞬间将你治愈。

一次难忘的派对

只是看到第 161~162 页列出的元素周期表的前 20 个元素，就足以让人对化学失去兴趣。想象一下，如果有人叫你记住 110 个元素，那该有多可怕！因为示例中的 20 个元素是以列表形式排列的，所以这些信息看起来整齐划一，十分乏味，而且元素所属的族也难以分辨。这就像盯着一场 20 人派对的来宾名单，也许有一两个名字比较显眼，但试图记住全部 20 个人恐怕有点难。然而，等你参加了派对，和其他人聊了聊，看到大家三三两两地聚在一起闲聊，你对最初那份名单的印象就会清晰许多，也有了足够的谈资——谁和谁一起、在哪个房间里（假设你喝了酒之后尚且清醒）。你会记住所有的一切，因为你会通过回放脑海中的"录像带"，将每个人和他们身边的环境联系到一起，来回顾这次经历。

因此，如果你想记住元素周期表的前 20 个元素，想象它们一起参加了一场古怪派对就行了！既然你已经这样尝试了，为什么不接着攻克剩下的全部元素呢？

[①] H. G. 威尔斯，英国小说家，以创作科幻小说著称。

家族规划

之前在第 8 章，你利用一趟有 12 个站点的心理旅程，按照字母顺序记住了欧盟最初的 12 个成员国。

要记住元素周期表的第一部分，你需要规划出一个有 8 个房间或是区域的位置，因为前 20 个元素被划分成了 8 个主要的族。

序号	族
0	稀有气体
1	碱金属
2	碱土金属
3	硼族元素
4	碳族元素
5	氮族元素
6	氧族元素
7	卤族元素

我用 0 到 7 给上述 8 个族编号，与常规的元素周期表对应（这个编号与元素中的电子构型有关）。

这个练习没有涉及氢元素——氢很好记，因为它是最轻的元素，原子序数为 1。

你的学校或大学是记忆这些元素的完美地点，因为你可以将这些族放置在各科教室、阶梯教室、实验室、礼堂和休憩区中。为每个族指定或者隔离出特定区域，能让你避免弄混不同的族。通过生动立体的方式表现元素周期表，可以有效地让这些元素焕发生机，这会大大增强你对这些元素的理解和认识。作为额外的助记符号或是记忆备份，请给每个房间或是区域设置专属的颜色代码。

为了记住每个元素的原子序数，你可以将多米尼克体系中的代表人物（我会以我自己的代表人物为例，你应该用你自己创建的人物）与元素名词促使你联想到的物品相结合，构成复合图像——他们之间产生的化学反应一定引人入胜，令人难忘！

我们先从 0 族稀有气体开始：

氦（helium）

氖（neon）

氩（argon）

既然是刚开始记忆，我们可以用化学实验室来存放这些稀有气体。为了提醒自己这些稀有气体属于 **0 族**，你可以想象化学实验室门口有一个巨大的**蓝色足球**。足球在数形结合法中代表了 0，而蓝色是这个族的颜色代码。

进入实验室之后，你看到的第一个场景是演员奥兰多·布鲁姆坐在一个巨大的蓝色**氦**气球上，这幅景象会让你想起氦的原子序数是 **2**。在这幅心理图像中，人物取自多米尼克体系中的奥兰多·布鲁姆（OB=02），氦气球则是参与行动的道具。

02
奥兰多·布鲁姆
（人物）

氦
坐在氦气球上
（动作）

将你的复合图像与所处环境相融合是非常重要的。你可以让氦气球在实验室里到处打翻设备,大肆破坏一番——氦气球到处乱窜,试管在空中飞舞。赋予场景生气能让你牢记心理图像,让它们变得更为难忘。

接下来,你会发现演出《荒蛮西部》中的明星安妮·奥克利(AO=10)跪在(kneeling on)地上,蓝色的霓虹灯(neon light)照亮了她,让她的牛仔服散发出蓝光。这个复合图像能让你轻松记住氖的原子序数是 **10**。

如果以顺时针方向在实验室里放置心理图像,你就能以升序记忆这 20 个元素的原子序数。在我们继续做这个联想练习时,你可以参考本章末尾列出的元素周期表,核查元素名称和原子序数是如何联系在一起的。

再往前走,你会看到阿道夫·希特勒(AH=18)正在做**氩弧焊**,蓝色的火花到处飞溅。

以下是对这些复合图像的小结:

稀有气体

位置 = 化学实验室

族 = 0(形状:足球)

颜色代码 = 蓝色

元素名称	代表人物(原子序数)	元素道具
氦	奥兰多·布鲁姆(02)	氦气球
氖	安妮·奥克利(10)	霓虹灯
氩	阿道夫·希特勒(18)	氩弧焊

为稀有气体构建心理图像之后，请你在脑海里漫步化学实验室，复习这些信息。这种方法看似冗长烦琐，但请不要嫌弃，平时用几句话才能描述清楚的事物，通过这种方法能使你一瞬间想象出来。回顾一下实验室里的场景你就会发现，你的大脑已经牢牢记住了它们。

还要记住一点，你应该用你选择的人物代表原子序数，用基于原子序数联想到的动作将人物和用于记忆元素名称的道具联系起来。

现在，稀有气体已经被妥善安置在化学实验室里，接下来该为碱金属想一个安置点了。也许可以用大学食堂。

碱金属

位置 = 食堂

族 = 1（形状：蜡烛）

颜色代码 = 黄色

元素名称	代表人物（原子序数）	元素道具
锂	奥利弗·克伦威尔（03）	?
钠	安德烈·阿加西（11）	?
钾	阿尔弗雷德·诺贝尔（19）	?

这次该换你了，利用你所在的大学食堂的布局，尝试找出这三种碱金属元素对应的道具，或者是联想出物品，再用动作将它与原子序数的代表人物联系起来，这些人物要出自你自己的多米尼克体系名单。这一次，你会看到在食堂门口有一支长长的黄色蜡烛正燃起明亮的黄色火焰。蜡烛是数形结合法中代表1的物品，

黄色是新的颜色代码，这个颜色将会渗透到在食堂发生的所有场景中去。

你在为元素寻找联想物品时，可以尝试利用元素的用途或是性质。例如，锂被用于治疗躁郁症患者，因此你可以想象狂躁发疯的奥利弗·克伦威尔，他身着全套美国内战制服，一边挥舞着亮黄色的步枪，一边向在场所有人慷慨陈词。钠是盐（氯化钠）中含有的一种元素，你可以用穿着黄色T恤围着房间跳舞的安德烈·阿加西来代表钠，他跳到哪里，身上的盐就会洒到哪里。

在将所有关于碱金属的场景都安置在食堂之后，你可以继续为其他的族构思场景：

碱土金属　　位置＝更衣室
　　　　　　族＝2（形状：天鹅）

硼族元素　　位置＝物理实验室
　　　　　　族＝3（形状：手铐）

碳族元素　　位置＝艺术教室
　　　　　　族＝4（形状：帆船）

氮族元素　　位置＝生物实验室
　　　　　　族＝5（形状：窗帘挂钩）

氧族元素　　位置＝体育馆
　　　　　　族＝6（形状：木槌）

卤族元素　　位置＝礼堂
　　　　　　族＝7（形状：回旋镖）

你可以继续在大学的不同区域中遨游，在沿途构想稀奇古怪的场景。但也要记住，你选择的房间和化学元素的族要存在一定联系，无论这种联系有多微弱。你会在艺术教室里找到绘画用的碳棒，在体育馆里锻炼也需要有充足的氧气。

现在你能看出所有这些场景如何像一幅巨型拼图一样结合在一起吗？当然，没有什么能阻止你继续深入探究关于每种元素的知识，只需添加细节更丰富的图像来扩展这些场景。例如，如果觉得有必要，你创建的图像也可以包含原子量。发了疯的比尔·奥迪（BO=20）正绕着跪在地上的安妮·奥克利走正步（阿道夫·希特勒的代表动作；AH=18），而且他手上还戴着手铐（在数形结合法中代表3），这幅场景会确保你牢记氖的原子量是20.183。

一旦你发挥聪明才智，将这20个元素安置在你的助记网络中并牢牢记住，就能以更清晰的视角看待元素周期表第一部分的这些重要元素，也能更好地理解这些元素之间的关系。在学习错综复杂的分子结构和化学反应时，这些知识将大大促进你对化学的理解，我对此深信不疑。

既然你已经记住元素周期表的前20个元素，如果真的想一展身手，就可以找一份完整的元素周期表，然后放飞你的想象力！

元素周期表前20个元素

原子序数	元素	元素符号	原子量	族
1	氢	H	1.00797	氢
2	氦	He	4.002602	稀有气体

续表

原子序数	元素	元素符号	原子量	族
3	锂	Li	6.941	碱金属
4	铍	Be	9.012182	碱土金属
5	硼	B	10.811	硼族元素
6	碳	C	12.0107	碳族元素
7	氮	N	14.0067	氮族元素
8	氧	O	15.9994	氧族元素
9	氟	F	18.9984032	卤族元素
10	氖	Ne	20.1797	稀有气体
11	钠	Na	22.989770	碱金属
12	镁	Mg	24.3050	碱土金属
13	铝	Al	26.981538	硼族元素
14	硅	Si	28.0855	碳族元素
15	磷	P	30.973761	氮族元素
16	硫	S	32.065	氧族元素
17	氯	Cl	35.453	卤族元素
18	氩	Ar	39.948	稀有气体
19	钾	K	39.0983	碱金属
20	钙	Ca	40.078	碱土金属

第14章

如何记忆历史日期

> 历史是时间写在人类记忆中的一首循环往复的诗。
>
> ——珀西·比希·雪莱[①]

精通这门学科

传统上,学生往往会把学习历史视作一场艰苦战斗。如果采用正确的学习策略,学生不仅能在减少学习量的同时取得更高的分数,也会发现他们所学的内容极其引人入胜。要想精通历史,需要具备三大要素:

1. 广泛阅读
2. 分析能力
3. 想象力

---

① 珀西·比希·雪莱(Percy Bysshe Shelley,1792—1822),英国诗人、哲学家、改革家、散文作家。

历史考试会考查你对历史事件、相关原因及结果的了解程度。你不仅要熟知历史事实，对这些事件的理解和个人见解的深度也将受到考官评判。你需要与事件主人公及当时的普通人感同身受，通过重现历史去了解他们的想法，真正理解他们的信仰、态度和文化，以及这些因素会怎样影响他们的行为。要想实现这一点，你需要具备由好奇的头脑激发出的活跃想象力，也需要拥有从与事件同时代的材料中提取相关信息的敏锐眼光。

学习历史就如同拼一幅巨大的拼图。你也许能挑出一两片特定形状的拼图，拼出这幅图的一个部分，但只有将所有部分全都拼到一起，才会完全显现整幅拼图的真正面貌。

历史拼图的碎片来源多样，比如文章、日记、信件、书籍和遗嘱。喜欢阅读有助于学习历史，但如果你不是一个书虫，参观博物馆和历史遗迹，观看戏剧、电影和视频都能培养你对历史的兴趣。要想达到学习历史的最佳效果，你需要在获取关键事实和培养调查技巧之间取得平衡。打磨你的调查能力可以让学习历史变得更有意义，也更加有趣。

学习历史事件的理想方法是穿越到事件发生的时期，亲身体验这起事件。显然，我们无法做到这一点，因此一种替代方法是回顾历史进程——通过赋予事件和所有相关人物生命来重现历史。为了帮助你拼接起所有历史事实，了解历史人物之间的互动，你需要用熟知的地点和人物来替代历史上的真实场景。

回顾历史进程

用你的想象力添加人物和地点，连接关键名称、日期和事件，让牢记重大历史事件变成一项非常简单的任务。运用这种方法,所有历史事实都将唾手可得,按照时间顺序在你的大脑中准确归档,使你在考试中得以运用,支持你在论文中表达观点。

我将以1917年俄国革命为例讲解这种方法。在你的脑海中,所有相关事件都可以在附近的一个村庄里重现。你住在哪里并不重要,你总能在所在地找到能够联想到历史事件的地点。例如,加油站(petrol station)能够代表工人暴动的起始地彼得格勒(Petrograd)[1];乡间别墅或是酒店可以代表冬宫(the Winter Palace);杰克·尼科尔森(Jack Nicholson)[2]可以扮演沙皇尼古拉二世(Tsar Nicholas II)[3];约翰·列侬(John Lennon)[4]可以扮演列宁(Lenin);也许可以用屠夫代表苏联肃反运动的煽动者约瑟夫·斯大林(Joseph Stalin)。

下面的年表,总结了1917年俄国革命中的关键日期和事件:

1917年	事件
3月10日	彼得格勒的工人开始暴动。人们缺少面粉、煤炭和木材,接近冰点的温度令形势恶化。官僚作风导致效率低下。人们厌倦了代价高昂的对德战争(即第一次世界大战)。
3月12日	1,500名效忠皇室的士兵投降,冬宫陷落。

---

[1] 彼得格勒即俄罗斯圣彼得堡,1914年至1924年称为彼得格勒,1924年列宁逝世后改称为列宁格勒,1991年恢复圣彼得堡的名称。
[2] 杰克·尼科尔森,美国演员、导演。名字发音与历史人物沙皇尼古拉二世类似。
[3] 沙皇尼古拉二世,末代沙皇,因革命被迫退位,后被处决。
[4] 约翰·列侬,英国歌手,披头士乐队创始成员。

续表

1917 年	事件
3月16日	沙皇尼古拉二世在帝国列车上签署退位文书。临时政府在格奥尔基·李沃夫公爵的领导下建立。
3月21日	退位后的沙皇和皇后被捕。
4月16日	列宁结束在瑞士的流亡,返回俄国。他乘坐由德国提供的全封闭火车,德国知道他将在俄国制造麻烦。
4月17日	列宁发表《四月提纲》,要求将权力转交给工人苏维埃。
6月16日	苏维埃举行第一次会议,嘲笑列宁称布尔什维克旨在独自统治俄国的宣言。
7月16日	布尔什维克在彼得格勒起义,50万人走上街头。临时政府镇压起义,列宁扮成消防员逃至芬兰。
7月22日	克伦斯基(Kerensky)被任命为俄国总理。
8月13日	克伦斯基告知英国国王乔治五世,俄国将继续参与对德战争。
9月15日	克伦斯基宣告俄国成为共和国。
9月17日	德军在里加击溃俄军。里加距离彼得格勒仅有约560公里。
9月30日	为保护沙皇及其家人免受布尔什维克威胁,克伦斯基将他们送至西伯利亚。
10月20日	列宁回到彼得格勒。

续表

1917 年	事件
10 月 23 日	布尔什维克投票决定开始针对克伦斯基临时政府的武装起义。十月革命开始。
11 月 7 日	布尔什维克以不流血政变推翻临时政府。 布尔什维克武装部队接管火车站、邮局、电话局和银行。 布尔什维克占领阿芙乐尔号巡洋舰,巡洋舰升起红旗,在冬宫对面的涅瓦河上抛锚。 阿芙乐尔号放出空炮。红军冲进冬宫,逮捕临时政府成员。 列宁领导布尔什维克政权。列昂·托洛茨基被任命为外交人民委员。 彼得格勒的生活基本没有受到干扰。公共交通持续运转,商店保持开放。

1918 年	事件
3 月 3 日	布尔什维克与德国签署了不平等的和平条约《布列斯特—立托夫斯克和约》。
7 月 16 日	红军在一个地窖中屠杀沙皇尼古拉二世及其家人。

1919 年	事件
3 月 4 日	布尔什维克建立共产国际(Comintern,即 Communist International 的缩写)以鼓励世界革命。

1924 年	事件
1 月 21 日	列宁逝世。

1940 年	事件
8 月 20 日	托洛茨基在墨西哥城被人用冰镐刺杀身亡。

只需发挥一点想象力,上述所有事件便能很容易地在脑海中重现。要记住这些日期,你需要将想象出的重现场景与记忆数字的多米尼克体系相结合。因为大部分关键事件都发生在 1917 年,所以你可以想象亚历克·吉尼斯是加油站经理,在他面前是游行至加油站前院的暴动工人。

亚历克·吉尼斯(AG=17)能让你想起 1917 这个年份。

加油站 = 彼得格勒。

游行的(marching)工人能让你想起 3 月这个月份。如果你想记住 3 月 10 日这个具体日期,可以让安妮·奥克利(AO=10)挥舞着她的枪,担当游行领袖。

你可以想象雪花飘落的寒冷天气,提醒自己当时的温度接近冰点。

通常备足了面包、煤炭和木材的加油站商店现在空空如也。

这是一种极为有效的记忆辅助方法,因为通过将冰冷无趣的历史事实转化成丰富多彩且充满生气的三维场景,其实是在以一种令大脑更容易接受和解读的方式输送信息。

你可以继续在脑海中重现沙皇尼古拉二世退位的场景,想象你身处同一趟列车，沿着熟悉的路线旅行。你可以想象你认识的一位叫尼古拉斯（Nicholas）的人正在不情愿地签署退位文书。请你尝试尽可能多地构建场景细节。你要去哪个车站？请感受现场的紧张气氛，注意尼古拉的表情。再一次，如果你想记住3月16日这个日期，不如让阿诺德·施瓦辛格（AS=16）扮演在车厢里走来走去的检票员。

在记忆历史事实、人物、日期和拗口的名字时，助记法能够发挥相当大的作用。以克伦斯基（Kerensky）这个名字为例，虽然克伦斯基是男性，但这不妨碍你用女性替代他，比如你认识的一位叫卡伦（Karen）的女性，她正穿着一对滑雪板（skis）。怎样想到这个名字并不重要，只要这种方法管用就行。

我在参加某家公司的餐后演讲时，需要记住多达150个人的姓氏和名字，偶尔还要努力记住他们的个人经历、公司职位甚至生日。因为我从未见过这些人，所以必须调动各种古怪离奇、难以启齿的联想去记住他们。这些联想是如此离奇，以至于我绝对忘不了他们。又因为如此难以启齿，假如把联想内容告诉对应的人，我恐怕就有大麻烦了。所以，尽情发挥你的创造性，但千万不要将这些想法告诉别人！

精通历史术语

在学习历史的过程中也会遇到相当复杂的专业术语。如果你不明白一些词句的意思，不要视而不见，而应该拿出字典查询。了解了某个词或是术语的含义之后，运用关联事物或是想象出的垫脚石，确保将它牢记在脑海。以下是一些例子：

- 寡头政治（Oligarchy）

寡头政治指的是一小部分人掌握了国家最高权力，换句话说是由少数人管理的政府。

你可以想到"一点"（of little）来帮你记住这个词及其含义。

- 无政府主义（Anarchism）

无政府主义者的教条——无政府主义者眼中的理想社会是没有任何类型政府的社会。

这个单词的前缀"**an-**"出自希腊语，意思是"没有"；单词中的"**arche**"是希腊语的"统治"。了解到这些知识之后，你就能理解其他几个类似术语的含义，例如母权制（matriarchy）（由女性统治）和父权制（patriarchy）（由男性统治）。

- 极权主义（Totalitarian）

极权主义指的是由一个当局控制一切，且不允许有反对意见的政府形式。

你可以想到全面控制（**total** control）。

- 独裁统治（Autocracy）

独裁统治和专制统治类似，指的是由一个人统治的专制政府。独裁者指的是统治权力全部归属其一人的人。

这个单词中的"**auto**"出自希腊语，意思是"自己"。你可以想到自传（**auto**biography）或是亲笔签名（**auto**graph）这样的词，来提醒你独裁统治是由一个人完成的行为。

- **立法机构**（Legislature）

  立法机构指的是有权制定法律的机构。

  你可以想到法律（**legal**）这个词。

- **司法机构**（Judiciary）

  司法机构指的是由法官、法院组成的机构。

  如果你能想到法官（**judges**），这个词就很好记了。

- **保守派**（Reactionary）

  保守派指的是试图恢复过去的政治状况的人。

  你可以想到你认识的不喜欢改变而且总是反对改变（**react**ing **against**）的人——也许你爷爷就是这样！

扩展专业术语的词汇量非常重要，选择正确术语来支持你的论点能够打动考官，展现出你对这门学科有很好的理解。

一些值得记住的日期

各种随机日期组成的列表可能难以记忆，而且令人讨厌。但是，通过将数字转化为人物和动作，再和相关事件联系到一起，无须太久就能将这种列表——比如下面的世界历史重要事件年表——牢牢锁定在你的记忆宝库里。

　　1170　托马斯·贝克特主教遇刺
　　1215　签署《大宪章》

1415　阿金库尔战役

1455　玫瑰战争

1492　哥伦布航行前往美洲

1642　英国内战开始

1666　伦敦大火

1773　波士顿倾茶事件

1776　美国独立宣言

1789　攻占巴士底狱

1805　特拉法尔加海战

1914　第一次世界大战在欧洲爆发

1939　第二次世界大战在欧洲爆发

1945　联合国成立

1949　北大西洋公约组织成立

1956　第二次中东战争

1963　肯尼迪总统遇刺

1969　人类首次登陆月球

以下是如何轻松让这些日期焕发生机的一些例子。

- 1170

长期与亨利二世争执的圣托马斯·贝克特在坎特伯雷大教堂遇刺。为了记住这个日期和相关事件，我会想象安德烈·阿加西用一根高尔夫球杆打死了正在圣坛祈祷的可怜的贝克特。前两位数字用人物代表，即安德烈·阿加西（AA=11）。后两位数字用动作代表，我总会把 70 和高尔夫球联系起来（GO=70）。

- 1455

"玫瑰战争"指的是约克家族的拥护者（Yorkists）与兰开斯特家族的拥护者（Lancastrians）之间的王位和政府控制权之争。我用小扒手道奇（AD=14）拿着剑兰、叼着一大朵红玫瑰冲进战场的古怪复合图像来记忆这个日期。剑兰在此代表埃德娜·埃弗拉格（EE=55）。要记住，我们只需给后两位数字找一个代表动作，因此埃德娜本人无须出现，但她的精神永存于她常常提及的"华丽剑兰"之中。

- 1773

在波士顿倾茶事件中，为反抗对茶叶征税，342箱茶叶被倒入波士顿港。

我会想出一幅不可思议的场景：戴着听诊器的亚历克·吉尼斯（AG=17）正在听一位男士的心跳，此人刚刚因为大力扔箱子而昏了过去。这副听诊器属于乔治·克鲁尼（GC=73）。

你可以用你自己的复合图像进行试验，尝试记住其他日期。例如，如何用阿诺德·施瓦辛格（AS=16）和化妆（大卫·鲍伊的动作，DB=42），将1642年和英国内战联系起来等。

如果用简单的联想和多米尼克体系将日期转化为人物，你就可以引入一批妙趣横生的人物，让一门难以掌握的学科充满生气。谁还会说学习历史会枯燥无味呢？

第 15 章

关于地理的技巧

> 国与国之间是不同的,彼此的土壤不同,岩石、葡萄酒、面包、肉类以及在一个特定地区繁荣生长的一切都是不同的。
>
> ——帕拉塞尔苏斯[①]

记忆的世界

学习一门学科需要调动各种大脑皮层技巧,地理就是一个很好的例子。学习地理需要用到绘画、阅读以及解读地图和图表的空间感和分析能力等技能。由于对事实的了解必不可少,因此在学习地理时记忆起到了关键作用。你需要充分了解河川系统、火山、地震、侵蚀、气候、天气系统和土壤,还要了解关于人口、城镇规划、交通和经济发展的人文地理知识。

既然有如此多的内容需要学习,你值得投入时间和精力开发一套有助于迅速高效地掌握这些知识的系统,以便理解并运用学到的知识。

---

① 帕拉塞尔苏斯(Paracelsus,1493—1541),文艺复兴时期的瑞士医生、炼金术士。

你的研究内容可能会涉及对某个特定国家的综合分析。建立关于一个国家的知识档案的最佳方法，是给该国单独准备一个熟悉的位置用于记忆。例如，你可以用朋友的家来存放与德国有关的所有信息的关键图像，与荷兰有关的数据则可以被存放在某个购物区。如果你去过要研究的国家，知道那里的某个特定地点，你也可以把它用作构建心理档案的基础。

为每个国家指定了"据点"之后，你就可以使用多米尼克体系将数字转化为关键人物，开始归档相关事实与数据。你可以为每种信息或数据选择一个关键图像，比如用爆米花（popcorn）代表人口（population）。

要想记住荷兰的人口是 1,600 万，首先想象自己来到了购物中心，然后想象阿诺德·施瓦辛格（AS=16）正在向大批粉丝派发爆米花。

英国最著名的地标是大本钟和下议院，为何不用这片区域来存放所有关于英国的数据呢？例如，你可以想象《飘》的女主人公斯嘉丽（SO=60）一边嚼着爆米花，一边紧紧抱住大本钟的顶部不撒手，以此来记住英国有 6,000 万人口。

如果你已经为每个国家选定了记忆位置，那么很容易在脑海中将下列人口数据归档：

国家	人口		代表人物
德国	8,200 万	HB	亨弗莱·鲍嘉
英国	6,000 万	SO	斯嘉丽
法国	6,100 万	SA	萨尔瓦多·阿连德
澳大利亚	2,100 万	BA	本·阿弗莱克

续表

国家	人口	代表人物	
荷兰	1,600 万	AS	阿诺德·施瓦辛格
奥地利	800 万	OH	奥利弗·哈迪
南非	4,400 万	DD	唐老鸭

请用你自己选择的人物代表相关数据,别忘了,要构思出极不寻常的图像来牢记这些信息。

记忆各国首都

你或许需要记忆各国首都,从而将相关信息与国家联系起来,或者用来讨论各国城市条件和农村条件的不同之处。确保你永远不会忘记正确的国家首都的方法与学习外语单词的方法相同,诀窍在于构建夸张难忘的关键图像,为国家及其首都建立联系。

例如,乌克兰(Ukraine)的首都是基辅(Kiev),我会将基辅与烤鸡联系到一起,因为有一道蒜香味名菜叫作"基辅鸡"(chicken Kiev),乌克兰则会让我想到大型机械起重机(crane)。因此,我的关键图像就是一只又大又香的烤鸡挂在一架大型起重机上。请你看着下面这个列表,为这些国家和首都构想出疯狂又难忘的联系,记住运用幽默、夸张、动作、性征和色彩等要素。

国家	首都
瑞士	伯尔尼
比利时	布鲁塞尔
阿富汗	喀布尔

续表

国家	首都
尼泊尔	加德满都
罗马尼亚	布加勒斯特
菲律宾	马尼拉
朝鲜	平壤
韩国	首尔
新西兰	惠灵顿
格林纳达	圣乔治
古巴	哈瓦那
多米尼克	罗索
土耳其	安卡拉
乌拉圭	蒙得维的亚
智利	圣地亚哥
印度尼西亚	雅加达
新加坡	新加坡
美国	华盛顿特区
保加利亚	索非亚

以下是一些建议,不过,最适用于你的是你自己创造出的联系:

- 瑞士(Switzerland)— 伯尔尼(Berne)

你可以为瑞士人发明一种全新仪式,想象一位瑞士人正站在山顶,用约德尔唱法唱歌,同时卷起一条裤腿,露出光秃秃的膝盖(**bare** knee)。

- 阿富汗（Afghanistan）— 喀布尔（Kabul）

你可以想象阿富汗所有的出租车（**cabs**）都是由阿富汗猎犬（**Afghan** hound）驾驶的。尽管这足以触发你的记忆，但你可以在出租车后面加一头推着车走的公牛（**bull**）来强化这种联系。

- 朝鲜（North Korea）/ 韩国（South Korea）— 平壤（Pyongyang）/ 首尔（Seoul）

我是采用以下方法避免混淆两国首都的。我会想象在走进当地的就业中心（**careers** centre）时，我的鼻子（**no**se，指代 North）闻到空气中的一股恶臭（**pong**），这股味道是从下方（**south**erly direction）我的脚底（**soles**）传来的！

- 新西兰（New Zealand）— 惠灵顿（Wellington）

你应该尝试将这些国家本身用作关键图像的背景，不过，如果你无法对某个国家产生形象化的联想，你也可以利用这个国家在地图上的形状。例如，如果你仔细观察**新西兰**的形状，会发现它有点像一只倒着放的惠灵顿长筒靴（**Wellington** boot）。

- 格林纳达（Grenada）— 圣乔治（St George's）

你可以想象圣乔治屠龙（**St George** and the dragon）的传奇故事，只不过，这次他是用手榴弹（hand **grenade**）屠杀这头野兽的。

- 美国

同样方法也适用于记忆美国首府及各州。你可以想象有人让你给犹他州（Utah）盐湖城（**Salt Lake City**）广阔平坦的地面铺上柏油，换句话说，盐湖城由你铺柏油（you tar，发音近似 Utah）；或者想象夏威夷（Hawaii）突然赐予歌手露露（Lulu）一项巨大荣誉（honour）——夏威夷的首府是火奴鲁鲁（Honolulu）。

记忆信息列表

要想按照排列顺序记忆信息列表，比如全球最大的海洋、最大的沙漠、最长的河流、最高的山峰等，你可以使用旅程记忆法或是关联法。下面列出的是全球十大海洋：

1. 太平洋
2. 大西洋
3. 印度洋
4. 北冰洋
5. 阿拉伯海
6. 南海
7. 加勒比海
8. 地中海
9. 白令海
10. 孟加拉湾

为了按顺序记忆这些信息，我会沿着熟悉的海岸线构思一条短途路线，包含 10 个站点。我会把每个海洋的名称简化，创建关键图像。我父亲（Pa）将代表太平洋（Pacific），地图册（atlas）代表大西洋（Atlantic），印第安部落阿帕切人（Apache）代表印度洋（Indian），一座冰山能让我想到北冰洋（Arctic Ocean）。最后，我会把每幅关键图像安置在海岸旅程沿线的站点上，确保这条路线能够体现出上述列表的正确顺序。你可以用列表的余下部分进行尝试。

你可以通过向相关地点增添图像，来存放关于海洋面积、高度、长度和深度的统计数据。大脑中可以用来储存信息的地理位置非常充裕，这和学习地理要掌握的海量信息十分匹配。你将记住与所学的任何主题有关的关键信息：发展数据、地壳构造板块的名称、气候变化案例、人口迁移数据或是各国的国内生产总值、能源消耗数据、平均寿命等人口统计数据。

第 16 章

商业头脑

> 讨价还价的规则是:"欺骗他人,因为他们也会欺骗你。"这才是真正的商业法则。

——出自查尔斯·狄更斯所著
《马丁·朱述尔维特》中的人物乔纳斯·朱述尔维特

商业语言

要说现代生活中有哪个领域充斥着让你的大脑崩溃的行话,想必就是商业世界。这种行话——用于描述商业世界核心体系和概念的专业语言和术语——在商科考试中无可避免,必须学会。

问题是随着媒体不断发明新词来总结新的趋势或做法,商业语言永远在变化。有一个术语叫作"救星"(white knight)——我记得这个术语曾用于描述一家公司出手拯救英国著名瓷器公司玮致活(Wedgwood),令后者免遭伦敦橡胶公司(London Rubber Company,著名避孕套制造商)收购。这家公司如同"身着闪亮铠甲的骑士"翩翩而来,提出了收购案的反要约,让那些在高级茶会上用玮致活瓷器抿着茶水的女士们不必尴尬到满脸通红。

各家公司可能会按照自己的方式使用通用商业术语，你可能也经常发现，他们会用不同的术语描述同一件事。例如，一些公司会说"贡献成本"，其他公司则会说"边际成本"，而这两个术语指的是同一种财务策略。

这句话是什么意思

当然，如果只是强行记住这两个术语，无法想到它们的含义，这么做就没有意义。虽然任何人都能在答题时随意使用行话，但取得成功的关键在于，证明你已经充分理解并且能恰当使用这些术语。

万幸的是，很多商业术语的发明本身就是为了以丰富多彩、令人难忘的方式，反映出已有的或是新兴的做法，这往往会用到图像和联想。牛市和熊市就是这方面的知名案例，这两个术语很容易分辨：**牛市**（bull market）指的是股市飞涨的时期，狂热的投机者像**愤怒的公牛**（raging bulls）一样，怀着大赚一笔的期望疯狂购买股票；**熊市**（bear market）则完全相反——指的是市场情绪悲观、股价下滑的时期，所有人都想卖出股票，以便之后用更低的价格买回。我总会想到一头脾气暴躁的"**头疼的熊**"（bear with a sore head）[①]。

虽然不是所有商业行话都如此栩栩如生，但术语本身及其含义之间往往有清晰的逻辑关系。我们再来看看"贡献成本"和"边际成本"这两个金融术语。简而言之，**贡献成本**（contribution

---

[①] "A bear with a sore head"是英语俚语，常用来指脾气暴躁、气急败坏的人。

costing）指的是一个产品基于其可变成本的价值，只考虑产品对企业运营费用的**贡献**（contribution）；**边际成本**（marginal costing）也是一样，反映的是产品对企业**净利率**（profit margin）的贡献。在记忆这些概念时，你仍需运用联想——在这种情况下，是通过语言而不是图像来联想——将这些术语及其含义全部牢记在脑中。

该说说行话了

以下是关于如何记忆市场营销这个商界关键领域的术语的一些建议，你可以尝试将同样的联想原理应用到考试所需的任何术语上。

- **波士顿矩阵**（Boston matrix）

  这是一种从产品的市场份额、增长情况及如何促进彼此发展来分析公司产品地位的方法。它是一种复杂的分析体系，可以说是企业老板（**boss**）做规划的好伙伴（**mate**）。为了记住这种特定的产品组合系统与其他系统有何不同，你可以将重点放在产品之间会相互协作、促进彼此增长或改变上。波士顿矩阵为产品划分的4个区域如下：

  1. 狗（Dog）

  这指的是在一个低增长的市场中占有率较低的产品。你可以想象一只邋里邋遢、行将就木的老狗。

2. 摇钱奶牛（Cash cow）

这指的是在逐步下滑的市场中占有率较高的产品。波士顿矩阵能反映出一家企业如何使用产自这些品牌的钱，去投资增长潜力更大的新产品。你可以想象一头有点瘦而且长了疥癣的奶牛，它身上沾满了钞票。

3. 问题儿童（Problem child）

这指的是在不断上升的市场中占有率较低的产品。你可以想象一个喜怒无常的孩子，虽然他还有很大的成长空间，但却有严重的态度问题。

4. 明日之星（Rising star）

这指的是在不断上升的市场中占有率较高的产品。你可以想象一颗正飞入夜空的流星。

要让自己想起整个矩阵，你可以想象所有这些怪异场景同时出现：**老板**看向窗外，一只病入膏肓的老**狗**一瘸一拐地走过，一头迷惑的**奶牛**试图咀嚼粘在身上的所有钞票。这时，一个暴躁的**孩子**从奶牛身上夺走一些钱，剩下的钱变成了一颗**流星**发光的尾巴。

现在，请你试着用同样的联想和想象技巧，来记忆下列市场营销术语：

- 掠夺性定价（Predatory pricing）

通过设定足够低的价格，把竞争对手赶出市场，甚至导致竞争对手倒闭。

- **耐用消费品**（Consumer durable）

  预期使用寿命在三年或三年以上的家用产品。

- **线上推广**（Above the line promotion）

  利用媒体宣传产品。

- **线下推广**（Below the line promotion）

  通过赞助、竞赛或是特别优惠来推广产品。

第17章

用心灵驾驭媒体

> 在新闻自由、人人都能阅读的地方,一切都是安全的。
>
> ——托马斯·杰斐逊[1]

自主思考

现如今,电子媒体和印刷媒体已经彻底渗透我们的世界。这些技术传播手段——电视、广播、电影、新闻、广告和互联网——往往是单向的,我们只需要坐着消费它们,让我们的评判能力停止运转,全盘接受媒体抛给我们的东西。你可能会觉得,这不益于拓展我们的心智能力。

实际上,正是这种特性让媒体研究这门学科变得如此有趣。

在进行媒体研究时,你将学习如何培养批判自主性(critical autonomy),换句话说就是学习如何自主思考。

要想做到这一点,你需要掌握一些非常重要的概念——与媒

---

[1] 托马斯·杰斐逊(Thomas Jefferson,1743—1826),美国第三任总统,《独立宣言》的主要起草人之一。

体有关的重要理论、辩论、研究结果和观点。如果不能在考试中有效运用这些概念，你在这门学科上就无法取得成功。那么，能让你确保自己拥有所需的概念武器，已经准备就绪、可供使用的工具是什么？这就是你的记忆力。

是真实反映还是人为表现

关于媒体，你需要明白的第一点是，媒体没有直接反映现实，实际上是通过人为创作，用自己特有的形式和语言来表现现实情况。除了学习如何辨别这些形式，你还需要好好记住在对媒体进行批判性写作时所需的行话。

记忆重要概念

要想让抽象概念变得难忘，只需添加一种关键原料：想象力。以下面这些在分析媒体文本时至关重要的术语为例：

- **符号学（Semiotics）**

  指对符号和象征的研究。为了记住如何谈论媒体文本中的符号学——媒体中的符号代表了什么特定意义——你可以想象常用的打钩（**tick**）符号（√），不过在这里要用半钩（**semi-hot**）。

- **体裁（Genre）**

  指媒体文本的类型或风格。你可以想到每种类型的电影或是所讨论的媒体节目的一般规则（**general rules**）。

- **外延意义**（Denotative meaning）

指媒体文本直接表面的意思。你可以想象有人只是精确记录（**noting down**）了文本内容。

- **内涵意义**（Connotative meaning）

指媒体文本隐含的意思，虽然并不明显，但我们能够联想到这种意思。你可以想象一家媒体机构写了一篇文章，只是为了诱骗（**conning**）读者或是消费者产生某种反应。

成套的重要概念往往会伴随媒体的特定领域或是你正在研究的媒体内容的出现。在考试时，你需要确保你的分析没有遗漏重要观点。就这一点而言，利用关键概念的首字母或音节创造出的富有想象力的助记词汇和短语具有宝贵价值。如果需要按照特定顺序运用这些概念，或是用它们组成分析过程的各个阶段，那么助记短语的顺序至关重要。另外，你也可以随意调整相关词汇的顺序，直到形成易于记忆的短语为止。请记住，为了便于记忆，你想出的词句越离谱、越个性化，效果就越好。利用韵律或是其他音效会有很好的效果，让助记短语保持简短有力也十分重要。以下的一些例子可以为你打开思路：

- **媒体受众**（Media audiences）

分析电子媒体或者纸质媒体的受众时需要记住一些重要概念，有受众定位（audience **positioning**）、目标受众（**target** audience）、编排考虑（**scheduling** considerations）、受众力量（audience **power**）、受众规模和构成（**constituency**）、媒体对受众的细分（**segmenta-**

tion）等。

这可以用下面这句助记短语来记忆：把柏油放在棚屋里以便发电（**P**osition **t**ar in **s**hed for **p**ower **c**on-**s**ent）。

- 纪录片（Documentaries）

分析纪录片技巧时，涉及的重要概念有题材的选择（**s**election）、剪辑（**e**diting）的运用方式、旁白（**n**arrator）的效果、所用结构（**s**et-ups）及纪录片的娱乐（**e**ntertainment）功能。你需要想到纪录片给人的整体感觉（**s**ense）。

纪录片的功能可以是社会功能（**s**ocial）、信息功能（**i**nformative）、教育功能（**e**ducative）、政治功能（**p**olitical）、启蒙功能（**i**lluminative）或共情功能（**e**mpathetic）。你可以想想你的饮食习惯："我应该吃派吗（**s**hould **I** **e**at **p**ie）？"

- 报纸（Newspapers）

要记住，对新闻报道进行批判性分析时，可能需要考虑到新闻不准确和捏造（**f**abrication）的危险、隐私问题（**p**rivacy）、利用轰动效应（**s**ensationalism）、进行政治宣传（**p**ropaganda）以及强调新闻人物（**p**ersonalities）而非新闻本身。你可以记住"完美的私密性造就一个合适的人"（a **f**ab **p**rivate **s**ense creates a **p**roper **p**erson）。

从上述例子可以看出，创造夸张难忘的词句十分简单。因此，你会满怀信心地参加媒体研究考试，知道自己能够迅速运用脑海中储存的相关重要概念回答问题。思考这些与媒体有关的辩论和问题不仅有益于考试，在我们当前所处的信息社会中，了解媒体的运作方式，拥有进行批判性思考的能力，对工作来说已经越来越重要。

第18章

用想象力解读信息通信技术

> 语言是人类机体的组成部分,复杂程度不亚于人类机体。
>
> ——路德维希·维特根斯坦[1]

一种虚拟语言

在我看来,将计算机和信息通信技术(ICT)相关领域与其他研究领域区分开来的,是前者极为善于使用缩写和简称,这些用法有时甚至令人费解。听一位 ICT 专家讲解计算机问题时,经常让我觉得是在听记忆挑战中时常出现的随机字母列表。虽然大部分人知道 RAM 和 ROM 代表什么(假如你不知道,RAM 代表随机存取存储器,ROM 代表只读存储器),有些人甚至能明白什么是 ISP(假如你觉得一头雾水,这指的是网络服务供应商),但如果说到 LAN、WAN、URL 和 WIMP,我就开始摸不着头脑了。但是,如果你想精通这些学科,就必须流利掌握描述这个虚拟世界的运转方式的"虚拟"语言。

---

[1] 路德维希·维特根斯坦(Ludwig Wittgenstein, 1889—1951),奥地利哲学家,主要研究领域为语言哲学、心灵哲学和数学哲学等。

扩充你的"演员表"

要想实现这一点，你可以利用从本书中学到的各类依靠想象力和联想的记忆技巧：数形结合法，多米尼克体系中的"人物"（参见第 82 至 93 页），为你的"人物"创建场景。

如果字母单独出现，你可以运用根据第 79 页内容设计的数形结合法，代表多米尼克体系中使用的 10 个字母（参见第 83 页）。如果字母成对出现，你可以参考多米尼克体系本身，用它包含的代表人物表示想象场景中的 100 种两个字母组合（参见第 85 至 93 页）。两者相结合，你就具备了召唤出 1,000 种三个字母组合的潜力。

如果某种缩写中出现了多米尼克体系没有涵盖的字母，我会使用北约音标字母，又名国际无线电通话拼写字母，这是在 20 世纪 50 年代发明的一种体系，目的是让北约同盟国理解字母拼写。北约音标字母涉及众所周知且广泛使用的单词，你可以根据这些单词构建易于记忆的图像。

下文列出了北约音标字母的所有代码[1]以供参考。斜体字标记的是多米尼克体系中已经包含的 10 个字母。

A	*Alpha*（希腊语的第一个字母）	N	November（11 月）
B	Bravo（喝彩）	O	*Oscar*（奥斯卡）
C	*Charlie*（查理）	P	Papa（爸爸）

---

[1] 北约音标字母使用代码表示 26 个英语字母，括号内标注的是这些代码的中文含义。

D	Delta（三角洲；第四个希腊字母）	Q	Quebec（加拿大魁北克省）
E	Echo（回声）	R	Romeo（罗密欧）
F	Foxtrot（狐步舞）	S	Sierra（山脉）
G	Golf（高尔夫球）	T	Tango（探戈）
H	Hotel（旅馆）	U	Uniform（制服）
I	India（印度）	V	Victor（维克托）
J	Juliet（朱丽叶）	W	Whisky（威士忌）
K	Kilo（千）	X	X-ray（X光）
L	Lima（秘鲁首都利马）	Y	Yankee（美国佬）
M	Mike（迈克）	Z	Zulu（非洲民族祖鲁）

当然，你也许更愿意发挥自己丰富的想象力，为没有出现在多米尼克体系中的字母创建联想，你也许会用亲朋好友的姓名缩写、对你而言具有重要意义的地名、国家标准缩写、乐队或者组织的名称。你可以把你认为最难忘的一切事物囊括进去，创建一个固定不变的参考列表以供随时使用。

如果把所有这些方法都结合起来，你就会发现很多与ICT相关的缩写和简称都变得易于记忆，而且能够与它们的简单含义和实际应用产生联系。

审视字母

以下是结合上述技巧，让ICT术语缩写变得易于记忆的一些例子，缩写从未显得如此栩栩如生：

- ADC

戴着手铐（在数形结合法中代表 3，3=C）的小扒手道奇（AD）正忙着将大量空气变成数字。手铐阻碍了他的行动，场面一片混乱，数字从他的手里飞出，而他正在竭尽所能做好一个人形模拟数字转换器（**a**nalogue-to-**d**igital **c**onverter）。

- DAC

同样，博物学家大卫·爱登堡（DA）也戴着手铐（在数形结合法中代表 3，3=C），正在担当数字模拟转换器（**d**igital-to-**a**nalogue **c**onverter），艰难地将数字变回它们的自然形态。

- BACS

本·阿弗莱克（BA）像机器人一样给克劳迪娅·希弗（CS）支付报酬，因为他是银行自动清算系统（**b**ankers' **a**utomated **c**learing **s**ervice）的人类版本。

- CAD

霹雳娇娃（CA）聚在一部计算机旁，忙着运用计算机辅助设计（**c**omputer-**a**ided **d**esign），发挥她们的时尚风格设计一面旗帜（在数形结合法中代表 4，4=D）。

- URL

身着制服（U）的罗密欧（R）正在秘鲁首都利马（L）当导游，他就像统一资源定位器（**u**niversal **r**esource **l**ocator）一样，指出城中所有旅游设施。

- LAN

科学家阿尔弗雷德·诺贝尔（AN）也在秘鲁首都利马（L）闲逛，他新找到了一个有点出人意料的编织渔网的工作，来为当地居民建造一个局域网（local area network）。

- WAN

在一杯威士忌（W）的启发之下，阿尔弗雷德·诺贝尔（AN）全力打造他的渔网，把它扩大成了一个广域网（wide area network）

- WIMP

这很简单——请想想你认识的最柔弱单纯的人，想象他们无力地指着一扇镶有米老鼠图像的窗户，让他们成为鼠标指针（windows icon mouse pointer）。[1]

像这样的ICT和计算机术语缩写还有很多，它们全都可以启发你想出令人难忘的图像。不仅这些图像能融入术语本身，充分的想象力也能促使你记住这些术语的定义。

---

[1] WIMP指的是操作界面：微软、图标、鼠标和指针。作者在这里也用到了英语单词的双关。

第19章

做演讲

> 世上没有无趣的话题，只有不感兴趣的人。
>
> ——G. K. 切斯特顿[①]

展示你自己

现如今，学生越来越多地被要求向其他同学或者老师做简短演讲，有时大家会组成演讲团队，由每位同学对讨论主题发表自己的个人见解。

对我们中的很多人而言，当众演讲即便不是折磨，也是一种令人生畏的经历。我们的恐惧常常集中在以下几个方面：

- 脆弱性

很多学生生怕成为众人瞩目的焦点，或是因为说错话、听任众人批评和嘲笑而将自己"逼上绝路"。

---

① G. K. 切斯特顿（G. K. Chesterton，1874—1936），英国作家、文学评论家和神学家。

- **突然失忆**

如果你突然陷入失忆的深渊，伴随而来的漫长且意味深长的沉默就如同噩梦，满怀期待的观众那紧张而困惑的目光则会让情况进一步恶化。

- **害怕失败**

你在演讲之前想到的任何失败场景都会增大你的压力，加重怯场和紧张焦虑的情绪，让你更加缺乏自信。

至少有一点能让你感到宽心，那就是所有最优秀的演讲者都经历过这种恐惧和焦虑。著名电影导演史蒂文·斯皮尔伯格曾说，他最怕的是昆虫，其次就是当众演讲。曾有一次，他在给美国法律学生做演讲时突然忘记怎么说英语了，这可是他的母语！因此他尝试用法语思考。他说，这种持续了一两分钟的经历非常可怕，恐惧将他吞噬，让他真真正正地说不出话来。

世上并不存在"天生的演说家"。之所以会出现所谓的"天生的演说家"，是因为他们刻苦练习技艺，从一段时间以来的错误中吸取了教训。如果你缺乏演讲经验，那么你只需记住，观众不仅会站在你这边，而且他们也需要做演讲，因此会和你一样焦虑，也能理解你要面对的困难。

美国第 32 任总统罗斯福曾说："我们唯一惧怕的就是恐惧本身。"本章的内容不仅会帮你完全凭借记忆来发表演讲，还会帮你驱散对未知的恐惧，用自信和积极的想法取而代之。信不信由你，演讲能够而且也应该是一次愉快又充实的经历。

构思你的演讲

准备演讲的最佳方法之一是，首先以思维导图的形式画出你的所有观点，我们在第 3 章已经详细介绍了思维导图。你可以先把所有想法列在一张纸上，确定演讲的核心观点，将它当作象征图像放在这张纸的中央。例如，如果要我构思一篇关于记忆的演讲，我的中心图像会是一头大象，然后我会迅速列出相关想法和观点，让这些分支以这个图像为中心散发开来，暂且不必担心它们的先后顺序或是句子结构。我列出的分支包括"助记法""数字体系""演示""相关历史"等等。

采用这种方法构思演讲，实际上非常有效地概括了演讲主题，帮助你明确分辨演讲中值得讨论的关键领域和要点。

除了与话题有关的个人想法、观点和知识，你也可以向思维导图中添加更多其他来源的信息，例如书、采访或视频。首先尽可能多地收集信息，然后确定演讲顺序，这一点非常重要。因为如果你立刻就采用某种特定顺序，之后很可能需要不断修改，无谓地延长构思演讲的时间，并且导致演讲内容不均衡。

我们假设你和其他学生组成了一个 4 人小组，你们每个人都会做一次关于艺术界的成功女性的演讲。你选择的演讲主题是瑞士艺术家安杰莉卡·考夫曼，你的演讲需要尽可能地兼具趣味性和表现性。

以下内容是这位艺术家的生平简介。作为一种非常有用的练习，请你根据这些内容创建自己的思维导图，准备一篇简短的演讲。你可以从简介中选取重要事实，将它们作为各种分支的关键词和象征，从中心图像辐射开来。

安杰莉卡·考夫曼

1741 年,安杰莉卡·考夫曼生于瑞士的一个天主教家庭。她是一位多产的艺术家,她的肖像画受到众多国际顾客的追捧。她的父亲约翰·约瑟夫·考夫曼(Johann Joseph Kauffmann)也是一位画家,他给了安杰莉卡很大鼓励,并教她基本的绘画技巧。安杰莉卡是个早慧的孩子,13 岁时就成为一位有造诣的艺术家,同时也展现出音乐技能,这在当时是年轻女性更普遍的追求。

母亲死后,安杰莉卡在 16 岁转为职业画家,和父亲一道前往研究绘画和雕塑的重要中心佛罗伦萨。在 20 岁时成为佛罗伦萨设计学院的成员,是她的众多成就之一。在当时,这是女性能够取得的一项罕见成就。

安杰莉卡于 1763 年搬到意大利,古罗马的废墟为她提供了丰富的建筑、雕塑模型,她对此进行了深入研究。虽然她在意大利享有盛名,但却没在意大利获得多少工作委托,酬劳也不尽如人意。然而,她很受英国游客欢迎,这促使她决定于 1766 年搬到伦敦,流利的英语很快便让她结识了不少英国贵族。两年后,她成为皇家美术学院(Royal Academy of Arts)仅有的两名女性创办者之一。她也在英国协助建立了一所历史绘画学校。

安杰莉卡为不伦瑞克公爵夫人(Duchess of Brunswick)绘制的大型肖像画受到好评,这加快了她的成功,也奠定了她的地位。她在给父亲的信中写道,公爵夫人的母亲威尔士王妃到访她的画室,令她激动不已。这是此前其他艺术家从未享有的荣誉。

乔舒亚·雷诺兹爵士成为安杰莉卡的密友,并帮助她建立声誉。在 18 世纪,女性画家往往只能画静物,不允许参与皇家美术学院涉及裸体男性模特的写生课。然而，在意大利度过的时光让安杰莉卡已经具备丰富的古代雕塑知识，也非常了解人体解剖学，这影响到了她描绘神祇的绘画。她的艺术风格为新古典主义，最优秀的作品包括女性肖像画等画作。

安杰莉卡成为艺术史上在艺术造诣和经济收入方面最成功的女性艺术家之一——这对于一位生活在18世纪的女性来说是一项非凡成就。

安杰莉卡于18世纪80年代退休，与她的丈夫安东尼奥·祖基搬到罗马，于1807年在罗马逝世。

在完成你的思维导图之后，请将它与我的思维导图对比（参见第24页），看看两张图是否有类似之处。虽然上述简介约有450个英语单词，但思维导图上的大部分信息一目了然，很快就能理解。书面陈述除了内容重复，看起来有些无趣，甚至令人生畏之外，也无法让你感受到在安杰莉卡的人生中这些事实的相对重要性。相反，思维导图让这篇简介变得更易接受，你只需一眼就能纵览全局，意识到实际上需要记忆学习的内容没有那么多。另外，要注意所有事实是如何有效分类并连接到4个主要分支或分组上的，这能让你无须查找大量文本，就能滔滔不绝地讲述安杰莉卡的各种生平细节。

编排演讲顺序

一旦校对完所有信息，在思维导图上"看出"你的演讲能达到什么程度之后，你就可以给演讲编排顺序了。在脑海中复述演讲时，只需给关键词编号。我建议你一开始就把编号写下来，以防稍后会更改顺序或是添加更多信息。

开篇时你也许想这么说:"安杰莉卡·考夫曼是艺术史上最重要的女性之一……她最引人瞩目的成就有……她 1741 年生于瑞士……"你可以在分支关键词"成功"旁边标注 1,让你记住这段开场白,然后在关键词"出生"旁边标注 2,以此类推。思维导图可被用作整篇演讲的剧本,其中的关键词能够触发你的思路,数字编号则能引导你按顺序表达观点。

要记住,一篇好的演讲包含开头、中间部分和结尾。虽然思维导图能打造出演讲的主体结构,但花些时间单独准备一段生动的开头和结尾仍是非常值得的。演讲结束后通常是观众提问时间。

你可以尝试与想象出来的观众对话来练习演讲,如果你能忍受的话,也可以录下你的演讲,这样就能自行判断演讲方式如何了。试演几次之后,越是习惯你自己的声音,在演讲当天就会觉得越容易,表达也更顺畅。

请不要试图逐字逐句背诵演讲稿,这会冷落你的观众,甚至让他们昏昏欲睡。人们想听到的是你流畅阐述自己的想法和见解,而关键词会让你沿着正确轨道前行。

看啊,没用笔记!

作为一位记忆专家,人们期待我全凭记忆就能做演讲,甚至不必使用思维导图这么奢侈的工具。其实,要实现这一点比很多人想的简单许多。如果你已经将所有关键要点编号,那么你距离仅凭记忆全面回忆起整篇演讲只有一步之遥。现在,你只需使用旅程记忆法,将演讲要点转化为相应的关键图像,并将它们安放在一条熟悉的路线沿途的各个站点里。

我在第 10 章讲解了如何记忆一段莎士比亚戏剧独白，方法是将每句台词缩减成一幅或是多幅关键图像，然后将它们放置在一条你喜爱的徒步路线的重要站点，或是高尔夫球场的各个地点上。记忆一篇演讲稿的基本原理是一样的，只不过比记忆独白容易许多：你不必背负逐字逐句背诵台词的压力，毕竟，你在演讲中应该表达的是你自己的观点，而不是其他人的观点。

如果你觉得要当众做一次演讲有点令人沮丧，你可以选择一个充满美好回忆的地点当作背景，让自己振作起来——比如你最喜欢的度假景点、海滩度假村等。选好合适地点之后，请开始让思路沉浸在周边的各种房屋、餐馆、海滩小屋和悬崖峭壁之中，确定沿途的一系列站点。沿途站点的数量取决于你需要在整篇演讲中表达多少个要点，具体数字会根据材料类型、演讲中的细节数量和你对演讲主题的了解而变化。以我为例，我一般会为时长一个小时的演讲准备一条包含约 50 个站点的路线。

现在，我们来用英国康沃尔郡北部渔村罗克（Rock）的一个度假胜地，梳理安杰莉卡·考夫曼生平简介的前几个要点。要记住，下列示例是我使用的关键图像和联想，构思这些图像用时不长，你构思自己的关键图像时也是一样。我用文字向你描述这些图像，再请你将我描述的内容可视化，用时会稍长一些，因此，请你不要被看似冗长的过程吓倒。实际上，这种方法操作起来相当迅速。

首先，我会简要介绍我自己和这次演讲的主题，我是这样记忆演讲顺序的：

- 第1站

    1741年，安杰莉卡·考夫曼生于瑞士的一个天主教家庭。

我的旅程的第1站是英国桂冠诗人约翰·贝杰曼爵士之墓。我刚才说过，你应该选择一个能够唤起美好回忆的地点，这里对我来说确有这种作用。这里景色秀丽，能够俯瞰大西洋，墓地坐落在一座古老教堂的墓园里，教堂上有独特的弯曲尖顶。

我的主要复合图像是大卫·爱登堡抱着一个脖子上戴着念珠的婴儿。在他身后，我能看到白雪皑皑、高耸入云的山顶。

婴儿指代安杰莉卡的出生，大卫·爱登堡（DA=41）能让我想到1741这个年份，念珠象征着天主教，白雪皑皑的山峰是我对瑞士的联想。

- 第2站

    她是一位多产的艺术家，她的肖像画受到众多国际顾客的追捧。

旅程的第2站是罗克的一处悬崖。我会想象不同种族的人在这里排起长队，迫切渴望让一位坐在一堆空白画布旁的艺术家给他们画肖像。

这幅复合图像本身即能代表这段内容，也许空白画布除外：复合图像中出现画布，是为了提醒我这代表安杰莉卡多产的绘画生涯。

● 第3站

　　她的父亲约翰·约瑟夫·考夫曼也是一位画家，他给了安杰莉卡很大鼓励，并教她基本的绘画技巧。

我的第3站位于海边，我看到我的朋友乔乔（Jojo）站在一块黑板前，一只手拿着画笔，另一只手拿着铅笔。
乔乔能让我想起安杰莉卡父亲的名字，黑板象征着教学。

● 第4站

　　安杰莉卡是个早慧的孩子，13岁时就成为一位有造诣的艺术家，同时也展现出音乐技能，这在当时是年轻女性更普遍的追求。

我的下一站是一家叫作"最后手段"的海滩酒吧。我会想象美国黑帮大佬阿尔·卡彭正在酒吧里，给一群观众表演如何用颜料盒摆弄一架钢琴。
阿尔·卡彭（AC=13）代表安杰莉卡的年龄，钢琴会提醒我她具备音乐技能，用颜料盒摆弄钢琴则能让我想到安杰莉卡早慧的天赋。
假如你已经非常了解演讲主题，你甚至不需要用这么多关键图像。例如，如果你已经熟知安杰莉卡早年生活的细节，那么将婴儿用作关键图像或许足以让你想起要谈论她的童年。
在将所有演讲要点安放在心理旅程的沿途站点之后，你就可以开始练习脱稿演讲了。试讲几次之后，就能将演讲内容倒背如流。

记忆演讲稿的好处

记忆演讲稿无须花费太多时间，不仅能让你牢记演讲内容，以便在今后可能遇到相关考试时使用，还能让你的演讲进行得十分顺畅。原因如下：

- **眼神接触**

你是否注意到，如今政客在讲台上做演讲时，似乎都能与观众保持连续不断的眼神接触？而且，他们都能长时间保持这种状态，并且明显没有使用任何笔记。

这倒不是因为现在的政客记忆力都有所提高，而是因为他们使用了一种隐形自动提词机。这种提词机包含两块透明面板，以特定角度放置在演讲者面前。两块面板会逐字显示出观众无法看到的文字，因此在阅读文字时，演讲者的头不会从左到右移动，从而造成与观众直接进行眼神接触的假象，这是吸引观众注意力的典型方法。在我凭借记忆做演讲时，心理旅程就如同我的隐形自动提词机，只不过这是终极提词机，谁也不会察觉到它。我看似在直视其他人的眼睛，实际上是在从思维的"眼睛"中读取图像。

眼神接触非常重要，因为它：

1. 能让你与观众有更密切的接触；

2. 能强调你所说的内容；

3. 能让观众产生参与感；

4. 能让你掌控全局，因为你能看到身边发生的一切；

5. 能让你的话变得更有说服力；

6. 能让观众认为你非常了解你所讲的主题（尽管你自己可能不这么想！）。

- **表达更流畅**

心理旅程能帮助你更流畅地表达你要讲的内容，因为你能以图像形式提前看到接下来要讲的要点，令你有时间做出相应准备。

这么做的诀窍在于，回想一个站点的关键图像，谈论其中的内容，然后在快说完一句话的时候，将思路转换到下一站并快速预览其中的关键图像。这么做会让你总是领先一步，有足够的回旋余地来弥补不同要点之间的差距。

有一种不太可能发生的情况是，你忘了某个站点的关键图像，此时有两种替代方法。第一，回想不起来可能表明对演讲而言它的内容并非那么重要，可以直接跳到下一站。第二，有个备份总会让人感到宽慰，所以你可以用一张纸单独列出所有要点——这不代表你演讲时一定要用到它！

- **自信**

知道自己能够站在一群人面前仅凭记忆脱稿演讲，能显著提高你的自信。如果你已经非常了解你的心理旅程，所有关键图像都很容易回忆起来，那么就完全没有演讲卡壳或是顺序错乱的危险。没有了对遗忘的恐惧，压力就会消失不见，这很简单。

- **我讲到哪儿了？**

　　采用这种方法的一大好处是，假如你在某个时刻分心，也不会忘记自己讲到了什么地方，因为你总能利用脑海中的地图想起离开的位置。我在做演讲时，经常会有人向我提问，迫使我偏离演讲顺序，或是突然想起一个毫无关联的观点，顺便展开讲一下。当我把这个未经计划的想法阐述完毕之后，心理旅程能让我回到演讲的正轨上，因为我只需回想刚才站在旅程的什么位置即可。

　　如果你像我一样拥有难以控制的想象力，或是很容易分心，这种方法尤其管用。就像沿着一条路开车，一个有趣的景象吸引了你的注意，所以你决定转弯，在好奇心得到满足之后，你很容易就能回到刚才的路上。你的演讲就像一趟有起点、沿途站点和终点的旅程，所以这种方法会如此有效。

视觉辅助工具

　　无论是使用海报、幻灯片还是照片，视觉辅助工具都能显著改善你的演讲效果。因为你给演讲添加了另一种维度——视觉，所以运用正确的视觉辅助工具将一个人对演讲的记忆程度提升90%也不足为奇。视觉辅助工具不仅能通过调动观众的左右脑来提高对其大脑皮层的吸引力，也能为你所说的内容提供图解和说明，帮助你表达观点。

　　此外，如果你觉得有点难以招架"所有眼睛都盯着你"的这种凝视，那么转移观众的视觉注意力多少能让你感到放松。视觉辅助工具也能通过增加色彩和对比，帮助你的观众保持注意力；

还能为你节省很多时间，有时图像比文字表达得更准确。

最后，你完全可以将视觉辅助工具用作记忆辅助工具。如果你要讲的是安杰莉卡·考夫曼，毫无疑问，你可以获取她的作品的复制品，用画作中出现的物品促使你想起所要讨论的要点。

下次如果你要做演讲，可以试着用心理旅程来记忆演讲内容。如果你使用多米尼克体系，就能够迅速说出与演讲相关的事实、数据、日期和统计资料，这将给你的老师和同学留下深刻印象。

第20章

制订复习计划

> 心灵不是一艘待装满的船,而是一团待点燃的火焰。
>
> ——普鲁塔克[①]

时间和想法

复习要做的第一件事是做计划。规划一个时间表,确保需要复习的所有学科都得到足够重视,这一点非常重要。

我需要多少时间

你可以将每门学科需要复习的内容量化。在划分复习时间之前,请务必了解手头要处理的任务的规模,因为有些学科比其他学科更需要重视。你可以研究每门学科的教学大纲,以便充分了解应该掌握哪些内容,另外也要拿到历届试卷。最重要的是,要寻求建议——如果说有谁知道会涉及哪些内容,那个人一定是你的老师。

[①] 普鲁塔克(Plutarch, 46—120),古希腊中期柏拉图主义哲学家、传记作家和散文家。

我有多少时间

估算好完成复习总共需要多少小时之后,你需要计算两个学期和假期中能够合理分配出多少时间。但愿你最终会多出来一些空余时间。

现在,你已经准备好制订时间表了。要保留出休息时间。理想的时间安排是花 20 分钟集中精力加紧学习,然后休息 5 分钟或是换成别的活动。换句话说,你每学习两小时就要安排半小时的休息时间。以下两个原因能说明短时间内集中精力学习可以优化你的学习效果:

- **保持新鲜感**

如果你没有定期休息,你的大脑最终将被无聊、负担过重、昏昏欲睡和疲惫击垮。这就如同读一篇没有逗号和句号的长篇散文一样。你的大脑需要稍事休息才能保持兴奋,保持对所复习内容的新鲜感。

- **盘点学过的内容**

非常奇怪的一点是,尽管你的注意力会突然转到喂猫或是过滤咖啡上,但你的大脑实际上仍在继续盘点刚刚接收到的所有信息。虽然你可能没有意识到,但在你放松下来、大口吃奶油蛋糕的同时,你的大脑仍在继续处理、分类和存储信息,将这些信息在你的"记忆银行"中归档。所以,不要觉得自责或是觉得休息会浪费宝贵的时间。给你的思维一些时间"缓口气",但时间不要太长!

我应该多久复习一次

如果你刚刚学了一门新学科，简单来说，你应该马上进行下一次复习，然后是 24 小时之后、一周之后、一个月之后、三个月之后，以此类推。

我们假设这门学科是生物，你刚刚学了人类呼吸系统。如果今天是 1 月 1 日，请你在稍事休息之后，回顾内容要点，进行复习。

之后，请你在下一个复习日写下笔记——以思维导图或是熟悉地点的布局的形式，在这个例子中便是 1 月 2 日。第二天，请你再次回顾相同要点，不过这次新的复习日将是 1 月 9 日。现在，请对不同学科采用同样方法，在每次复习结束后确定下一次复习日。你可以在笔记的角落划出一块区域，专门用于记录日期。

轮换学科复习非常重要，比如先复习生物，再复习地理，然后复习数学，以此类推。这样你就能够通过对比保持学习兴趣，而不是面对一门学科停滞不前，深陷其中。

坚持你的计划

制订好时间表之后，请你坚持执行！人类是习惯性动物，也就是说，我们都很容易养成用拖延战术和分心来避免干活的习惯。

制订时间表就如同立下誓言：一旦你答应了，就不能违背誓言。这种观点能帮助你避免拖延症，因为你不会允许自己出现"好吧，没关系，我明天总能赶上的"这种想法。

养成习惯

通过养成学习习惯，你可以将习惯的负面影响转化为积极优势。例如，如果你计划从晚上 7 点半学到 10 点，那么你可以从晚上 7 点开始倒计时，做做填字游戏、玩玩电脑游戏或是参加什么运动。具体做什么并不重要，只要能成为给学习预热的常规活动即可。

以下是我的经验之谈。因为我的想象力非常活跃，所以很容易分心，也没能生来就掌握所谓"脚踏实地"的技艺，但我发现了一种非常有效的方法来克服这个问题。

想象力和驱逐压力

我们要费很大力气才能专心学习的原因之一是，仅仅是学习这个想法就能让我们产生非常多的负面情绪，并联想到相应的画面。一说到学习，脑海中一瞬间闪过的典型思维过程也许就像下图所示：

学习
↓
复杂
↓
努力
↓
考试

失败

↓

惊慌

压力

痛苦

简而言之，学习＝痛苦，这恐怕很难激励你遵照复习时间表采取行动。

我们会感受到压力是有原因的。压力的作用是向我们警告即将来临的危险，通过督促我们采取应对措施来保护我们。

但不幸的是，这种接连不断的督促可能会过度，最终产生适得其反的结果。

好了，现在你已经意识到你应该早点开始复习了，也准备就此做点什么了。问题是，你的压力水平实在太高，考场和亲属面带失望的表情逐步向你逼近，让你难以集中精力。这不公平，虽然你已经从理智上接受了需要迫切采取行动，但你的觉悟引发的压力、对生理和心理造成的影响让你举步维艰。

有些人也许会把下面这个补救方法与冥想、自我催眠或是神经语言规划相比较，而我倾向于称之为"保持良好心态"。这是我独自开发的一种方法，它不仅能驱逐压力，也能让我直面任何形式的学习问题。

1. 平躺或者舒服地坐在沙发上；

2. 闭上双眼，注意力集中在身体的每块肌肉上，先从脚开始。在注意力从你的脚一路向上移动时，释放肌肉中的所有压力，直到你觉得整个身体都变得十分沉重。感受面部肌肉的张力，让你的下巴变得松弛，屈服于地心引力；

3. 现在，身体其他部位已经全都安顿好了，你可以将注意力集中在呼吸、心跳以及任何由紧张焦虑引发的恶心感上；

4. 缓慢地深呼吸，即便你的心脏可能正在狂跳；

5. 现在，运用你的想象力，试着将你感觉到的紧张、疼痛和恶心感转化为与之相关的图像。例如，我偶尔会觉得喉咙里很恶心，我会想象那是一股像细流的灰色颗粒在缓慢地流经我的喉咙，它们一路向下，在我的胸腔里形成一堆黏糊糊、被烟熏黑的滚珠轴承。无论你想出的表现形式如何，请你想象有一只手轻轻伸进你的身体，抓住这个让你感到难受的东西，然后把它远远地扔到一边。继续这个过程，直到大部分压力都被驱散；

6. 你的身体已经放松下来，你在做深呼吸，恶心感也减轻了。现在，请你想象能让你觉得平静、快乐或是放松的一个地方或是人。这也许是你儿时的某个场景、一个度假胜地或是你心爱的人。好好抓住这个图像，试着让自己沉浸在这种愉快的感觉中；

7. 现在，慢慢将这幅令人愉悦的图像叠加在表现焦虑感的图像上。例如，你也许会想象自己走进考场，看到你心爱的人正站在那里。我会想象一个寂静的赌场，荷官正站在 21 点[①]的牌桌旁（这总能让我感觉很好！），但桌上放的不是一副纸牌，而是一部文字处理机，这通常代表着工作、截止日期、账目或是其他方面

---

① 一种常见于赌场的纸牌游戏。

的责任。通过把两种图像融合在一起——一种代表快乐，另一种代表焦虑——实际上正在中和我的恐惧对象；

8. 在直面最大的恐惧、消除与之相关的所有负面情绪之后，我现在能以完全积极放松的心态去解决手头的工作了。

请你也试试这种方法。它对我显然有帮助，或许也能帮到你。

最后的话

通向成功的道路就在你面前。这不是那些生来就具备特殊学习天赋的人独享的道路，所有人都有权使用。你已经具备了难以置信的知识吸收潜力，让你的想象力——这是学习和记忆的关键——释放这种聪明才智，推动你以不断加快的速度前进。

我在这本书中讲到的技巧、体系和方法均出自我的经验，经由持续数十年的研究开发挑选而成。我已经摒弃未能成功的方法，保留了最有效且最成功的方法。运用这些方法，你将收获的不仅仅是考试的成功，还有永不满足的学习欲望。祝你好运！

参考文献

1. Apps, J.W. *Study Skills for Adults Returning to School*, McGraw-Hill (New York), 1982
2. Baker, S.*The Practical Stylist*, Harper & Row (New York), 1985
3. Brink-Budgen, R.van den *Critical Thinking for Students*, How To Books (Oxford, UK), 2000
4. Brookes, K. *Exam Skills*, Hodder Children's Books (London), 2002
5. Brookes, K.*Revision Sorted*, Hodder Children's Books (London), 2002
6. Brookes, K.*Top Websites for Homework*, Hodder Children's Books (London), 2002
7. Buzan, T. *Make the Most of Your Mind*, Pan(London), 1988
8. Buzan, T.*Speed (and Range) Reading*, David & Charles (Newton Abbot, UK), 2000
9. Buzan, T. *Use Your Head*, BBC Worldwide (London), 2000
10. Carney, T. and B. *Liberation Learning: Self-Directed Learning for Students*, Para-Publishing (Windsor, Can), 1988
11. Chambers, E. and Northedge, A. *The Arts Good Study Guide*, Open University Press (Buckingham, UK), 2000

12. Clarke, L. and Hawkins, J. *Student Survival Guide*, How To Books (Oxford, UK), 2001

13. Deese, J. *How to Study*, McGraw-Hill (New York), 1969

14. Ellis, D.B. *Becoming a Master Student*, College Survival (Rapid City, US), 1993

15. Hanau, L.*The Study Game*, Barnes & Noble(New York), 1979

16. Hennessy, B.*Writing an Essay*, How To Books(Oxford, UK), 2000

17. Jones, B.and Johnson, R.*Making the Grade*, Manchester University Press (Manchester, UK), 1990

18. Lane, A., Northedge, A., Peasgood, A.and Thomas, J.*The Sciences Good Study Guide*, Open University Press(Milton Keynes, UK), 2002

19. MacFarlane, P. and Hodson, S. *Studying Effectively and Efficiently: An Integrated System*, University of Toronto(Toronto), 1983

20. Nilsson, V. *Improve Your Study Skills*, Athabasca University (Athabasca, Can), 1989

21. Northedge, A. *The Good Study Guide*, Open University Press (Milton Keynes, UK), 2002

22. Pauk, W. *How to Study in College*, Houghton Mifflin (Boston, US), 1984

23. Robertson, H.*Bridge to College Success*, Heinle & Heinle Publishers (Boston, US), 1991

24. Tracy, E. *The Student's Guide to Exam Success*, Open University Press (Buckingham, UK), 2002

25. University of British Columbia, *Strategies for Studying*, Orca (Victoria, Can), 1996

26. Walter, T. and Siebert, A. *Student Success*, Holt Reinhart and Winston (New York), 1987

27. Wong, L. *Essential Study Skills*, Houghton Mifflin(Boston), 1999

图书在版编目（CIP）数据

逢考必过：世界记忆冠军的终极记忆法/（英）多米尼克·奥布赖恩著；陆桦译. -- 北京：中国友谊出版公司, 2021.9
书名原文：How to Pass Exams
ISBN 978-7-5057-5250-4

Ⅰ.①逢… Ⅱ.①多… ②陆… Ⅲ.①记忆术 Ⅳ.①B842.3

中国版本图书馆 CIP 数据核字(2021)第 121743 号

著作权合同登记号 图字：01-2021-1716

How to Pass Exams
All rights reserved
Copyright © Watkins Media Limited 2003, 2007
Foreword Copyright © Tony Buzan 2003
Artwork Copyright © Watkins Media Limited 2003

本书中文简体版权归属于银杏树下（北京）图书有限责任公司。

书名	逢考必过：世界记忆冠军的终极记忆法
作者	[英] 多米尼克·奥布赖恩
译者	陆　桦
出版	中国友谊出版公司
发行	中国友谊出版公司
经销	新华书店
印刷	北京天宇万达印刷有限公司
规格	889×1194 毫米　32 开
	7.25 印张　177 千字
版次	2021 年 9 月第 1 版
印次	2021 年 9 月第 1 次印刷
书号	ISBN 978-7-5057-5250-4
定价	45.00 元
地址	北京市朝阳区西坝河南里 17 号楼
邮编	100028
电话	（010）64678009